소방설비기사 필기

소방유체역학

SD에듀
㈜시대고시기획

Always with you

사람이 길에서 우연하게 만나거나 함께 살아가는 것만이 인연은 아니라고 생각합니다.
책을 펴내는 출판사와 그 책을 읽는 독자의 만남도 소중한 인연입니다.
(주)시대고시기획은 항상 독자의 마음을 헤아리기 위해 노력하고 있습니다.
늘 독자와 함께하겠습니다.

머리글

본 교재는 소방설비기사 자격증 취득을 위한 1차 필기시험 대비 수험서로서 기본이론과 중요이론 그리고 5년 동안에 출제된 기사 과년도 문제를 쉽고 빠르게 자격증 취득을 돕기 위해 모두 장별로 분류하고 수록하였으며 이에 해설과 풀이를 통해 본 교재를 가지고 공부하시는 분들이 다른 유형의 문제도 풀 수 있도록 하였습니다.

현재 기출문제는 예전과 달리 동일한 문제가 반복적으로 출제되는 게 아니라 조금씩 변화를 주며 출제되고 있는 상황이라 이에 맞게 내용에 충실하게 교재를 준비하였습니다.

본 교재는 중요부분의 이론은 내용설명을 충실히 하였고, 가끔 출제는 되나 그 내용이 중요하지 않은 부분은 간단하게 암기할 수 있도록 만들었습니다.

끝으로 본 교재로 필기시험을 준비하시는 수험생 여러분들에게 깊은 감사를 드리며 전원 합격하시기를 기원하겠습니다.

오·탈자 및 오답이 발견될 경우 연락을 주시면 수정하여 보다 나은 수험서가 되도록 노력하겠습니다.

편저자 씀

소방설비기사

개 요

건물이 점차 대형화, 고층화, 밀집화 되어감에 따라 화재 발생 시 진화보다는 화재의 예방과 초기진압에 중점을 둠으로써 국민의 생명, 신체 및 재산을 보호하는 방법이 더 효과적인 방법이다. 이에 따라 소방설비에 대한 전문인력을 양성하기 위하여 자격제도를 제정하게 되었다.

진로 및 전망

산업구조의 대형화 및 다양화로 소방대상물(건축물·시설물)이 고층·심층화되고, 고압가스나 위험물을 이용한 에너지 소비량의 증가 등으로 재해 발생 위험요소가 많아지면서 소방과 관련한 인력수요가 늘고 있다. 소방설비 관련 주요 업무 중 하나인 화재관련 건수와 그로 인한 재산피해액도 당연히 증가할 수밖에 없어 소방관련 인력에 대한 수요는 증가할 것으로 전망된다. 소방공사, 대한주택공사, 전기공사 등 정부투자기관, 각종 건설회사, 소방전문업체 및 학계, 연구소 등으로 진출할 수 있다.

시험일정

구 분	필기원서접수 (인터넷)	필기시험	필기합격 (예정자)발표	실기원서접수	실기시험	최종 합격자 발표
제1회	1.24~1.27	3.5	3.23	4.4~4.7	5.7~5.20	6.17
제2회	3.28~3.31	4.24	5.18	6.20~6.23	7.24~8.5	9.2
제4회	8.16~8.19	9.14~10.3	10.13	10.25~10.28	11.19~12.2	12.30

※ 상기 시험일정은 시행처의 사정에 따라 변경될 수 있으니, www.q-net.or.kr에서 확인하시기 바랍니다.

시험요강

① 시행처 : 한국산업인력공단(www.q-net.or.kr)
② 관련 학과 : 대학 및 전문대학의 소방학, 건축설비공학, 기계설비학, 가스냉동학, 공조냉동학 관련 학과
③ 시험과목
   ㉠ 필기 : 소방원론, 소방유체역학, 소방관계법규, 소방기계시설의 구조 및 원리
   ㉡ 실기 : 소방기계시설 설계 및 시공실무
④ 검정방법
   ㉠ 필기 : 객관식 4지 택일형 과목당 20문항(과목당 30분)
   ㉡ 실기 : 필답형(3시간)
⑤ 합격기준
   ㉠ 필기 : 100점을 만점으로 하여 과목당 40점 이상, 전과목 평균 60점 이상
   ㉡ 실기 : 100점을 만점으로 하여 60점 이상

출제기준

필기과목명	주요항목	세부항목	세세항목
소방유체역학	소방유체역학	유체의 기본적 성질	• 유체의 정의 및 성질 • 차원 및 단위 • 밀도, 비중, 비중량, 음속, 압축률 • 체적탄성계수, 표면장력, 모세관현상 등 • 유체의 점성 및 점성측정
		유체정역학	• 정지 및 강체유동(등가속도)유체의 압력 변화, 부력 • 마노미터(액주계), 압력측정 • 평면 및 곡면에 작용하는 유체력
		유체유동의 해석	• 유체운동학의 기초, 연속방정식과 응용 • 베르누이 방정식의 기초 및 기본응용 • 에너지 방정식과 응용 • 수력기울기선, 에너지선 • 유량측정(속도계수, 유량계수, 수축계수), 피토관, 속도 및 압력측정 • 운동량 이론과 응용
		관 내의 유동	• 유체의 유동형태(층류, 난류), 완전발달유동 • 무차원수, 레이놀즈수, 관 내 유량측정 • 관 내 유동에서의 마찰손실 • 부차적 손실, 등가길이, 비원형관손실
		펌프 및 송풍기의 성능 특성	• 기본개념, 상사법칙, 비속도, 펌프의 동작(직렬, 병렬) 및 특성곡선, 펌프 및 송풍기 종류 • 펌프 및 송풍기의 동력 계산 • 수격, 서징, 캐비테이션, NPSH, 방수압과 방수량
	소방 관련 열역학	열역학 기초 및 열역학 법칙	• 기본개념(비열, 일, 열, 온도, 에너지, 엔트로피 등) • 물질의 상태량(수증기 포함) • 열역학 1법칙(밀폐계, 교축과정 및 노즐) • 열역학 2법칙
		상태변화	• 상태변화(폴리트로픽 과정 등)에 따른 일, 열, 에너지 등 상태량의 변화량
		이상기체 및 카르노사이클	• 이상기체의 상태방정식 • 카르노사이클 • 가역 사이클 효율 • 혼합가스의 성분
		열전달 기초	• 전도, 대류, 복사의 기초

이 책의 구성과 특징

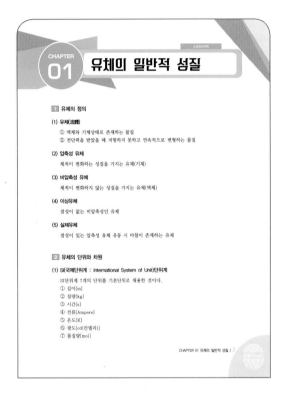

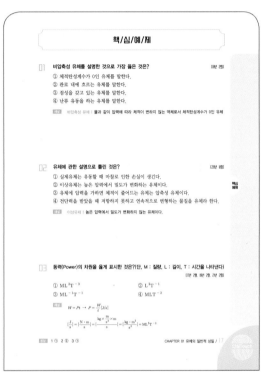

핵심이론

필수적으로 학습해야 하는 중요한 이론들을 각 과목별로 분류하여 수록하였습니다. 두꺼운 기본서의 복잡한 이론은 이제 그만! 시험에 꼭 나오는 이론을 중심으로 효과적으로 공부하십시오.

핵심예제

기출문제들의 키워드를 철저하게 분석하여 한눈에 출제이론을 파악할 수 있도록 하였고 자주 출제되는 문제를 추려낸 뒤 핵심예제로 수록하여 반복학습을 유도하였습니다.

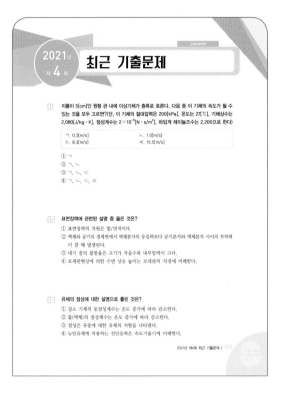

최근 기출문제

최근에 출제된 기출문제를 수록하여 가장 최신의 출제경향을 파악하고 새롭게 출제된 문제의 유형을 파악하여 합격에 한 걸음 더 가까이 다가갈 수 있도록 구성하였습니다.

정답 및 해설

가장 최근에 시행된 기출문제의 명쾌하고 상세한 해설을 수록하여 놓친 부분을 다시 한 번 확인할 수 있도록 하였습니다.

목 차

Engineer Fire Protection System

소방설비기사(필기) 기본서 시리즈
(기계분야)

소방유체역학

Engineer Fire Protection System

소방설비기사(필기) 기본서 시리즈
(기계분야)

소방유체역학

합격의 공식
온라인 강의

잠깐!

혼자 공부하기 힘드시다면 방법이 있습니다.
시대에듀의 동영상강의를 이용하시면 됩니다.
www.sdedu.co.kr ➔ 회원가입(로그인) ➔ 강의 살펴보기

CHAPTER 01 유체의 일반적 성질

1 유체의 정의

(1) 유체(流體)

① 액체와 기체상태로 존재하는 물질
② 전단력을 받았을 때 저항하지 못하고 연속적으로 변형하는 물질

(2) 압축성 유체

체적이 변화하는 성질을 가지는 유체(기체)

(3) 비압축성 유체

체적이 변화하지 않는 성질을 가지는 유체(액체)

(4) 이상유체

점성이 없는 비압축성인 유체

(5) 실제유체

점성이 있는 압축성 유체 유동 시 마찰이 존재하는 유체

2 유체의 단위와 차원

(1) SI(국제단위계 : International System of Unit)단위계

SI단위계 7개의 단위를 기본단위로 채용한 것이다.
① 길이[m]
② 질량[kg]
③ 시간[s]
④ 전류[Ampere]
⑤ 온도[K]
⑥ 광도[cd(칸델라)]
⑦ 몰질량[mol]

(2) 단위와 차원

차원은 각 단위가 측정값에 어떻게 서로 연관되어 있는지를 나타내는 지수이다.

단 위	양	차 원	MKS단위계
기본단위	힘	F	[kg$_f$]
	질 량	M	[kg]
	길 이	L	[m], [cm]
	시 간	θ	[s], [h]
유도단위	밀 도	M/L^{-3}	[kg/m^3]
	압 력	F/L^{-2}	[kg$_f$/m^2]
	동 력	F/L^{-1}T^{-1}	[kg$_f$/m · s]

[단위와 차원]

차 원	중력단위 (차원)	절대단위 (차원)
길 이	[m] (L)	[m] (L)
시 간	[s] (T)	[s] (T)
질 량	[kg · s^2/m] (FL^{-1}T^2)	[kg] (M)
힘	[kg$_f$] (F)	[kg · m/s^2] (MLT^{-2})
밀 도	[kg · s^2/m^4] (FL^{-4}T^2)	[kg/m^3] (ML^{-3})
압 력	[kg$_f$/m^2] (FL^{-2})	[kg/m · s^2] (ML^{-1}T^{-2})
속 도	[m/s] (LT^{-1})	[m/s] (LT^{-1})
가속도	[m/s^2] (LT^{-2})	[m/s^2] (LT^{-2})
점성계수	[kg$_f$ · s/m^2] (FTL^{-2})	[kg/m · s] (ML^{-1}T^{-1})

(3) 온 도

① 섭씨온도[°C] $= \dfrac{5}{9}([°F] - 32)$

② 화씨온도[°F] $= \dfrac{9}{5}[℃] + 32 = 1.8[℃] + 32$

③ 절대온도[K] $= 273.16 + [°C]$

④ 랭킨온도[R] $= 460 + [°F]$

(4) 질 량

[kg] = [L]

(5) 힘

① [dyne] = [g · cm/s^2]

② [N] = [kg · m/s^2]

③ 1[N] $= 10^5$[dyne]

　　1[kg$_f$](kg중) $= 9.8$[N] $= 9.8 \times 10^5$[dyne]

　　1[g$_f$](g중) $= 980$[dyne]

(6) 열 량

① 1[BTU](British Thermal Unit) = 252[cal] = 0.252[kcal]

② 1[J] = 0.2389[cal] ≒ 0.24[J]

③ 1[cal] = 4.184[J] ≒ 4.2[J]

(7) 압 력

① 압력 $P = \dfrac{F}{A}[\text{N/m}^2] = \gamma H = \rho g H$

여기서, F : 힘[N]

$\quad$ A : 단면적[m²]

$\quad$ γ : 비중량[N/m³]

$\quad$ g : 중력가속도[m/s²]

$\quad$ ρ : 밀도[kg/m³]

> 1[atm] = 760[mmHg] = 10.332[mH₂O]([mAq]) = 1,013[mb] = 1.013[bar]
> $\quad$ = 1.0332[kgf/cm²] = 10,332[kgf/m²] = 1,013 × 10³[dyne/cm²]
> $\quad$ = 101,325[Pa = N/m²] = 101.325[kPa = kN/m²]
> $\quad$ = 0.1013[MPa = MN/m²]
> $\quad$ = 14.7[psi = lbf/in²]

② $F = PA[\text{N}] = \gamma H A = \gamma V[\text{N}]$

여기서, P : 압력[N/m²]

$\quad$ A : 단면적[m²]

$\quad$ γ : 비중량[N/m³]

$\quad$ H : 높이[m]

$\quad$ V : 체적[m³]

• 절대압 = 대기압 + 계기압 　(+)정압

• 절대압 = 대기압 − 진공압 　(−)부압

• 절대압 $P = P_0 + \gamma H$

(8) 일

① $1[\text{J}] = 10^7[\text{erg}]$, $1[\text{cal}] = 4.184[\text{J}]$

② $W = Fl[\text{N} \cdot \text{m}] = Pt[\text{W} \cdot \text{s}] = [\text{J}]$

(9) 부피(체적 · 용량, $V[\text{m}^3]$, [L])

① $1[\text{gal}] = 3.785[\text{L}]$, $1[\text{barrel}] = 42[\text{gallon}]$

② $1[\text{m}^3] = 10^3[\text{L}] = 10^3[\text{kg}] = 10^6[\text{cm}^3]$

(10) 점도(점성계수) μ

① 점성계수 $\mu = \tau \dfrac{dy}{du}$

    여기서, τ : 전단응력$[\text{N/m}^2]$

            dy : 거리[m]

            du : 속도[m/s]

            μ : 점성계수$[\text{kg/m} \cdot \text{s}] = [\text{N} \cdot \text{s/m}^2] = [\text{Pa} \cdot \text{s}]$

    ※ $[\text{g/cm} \cdot \text{s}] \rightarrow [\text{poise}]$

② 동점성계수 $\nu[\text{m}^2/\text{s}]$

    $\nu = \dfrac{\mu}{\rho}[\text{m}^2/\text{s}]$

    여기서, μ : 점성계수$[\text{kg/m} \cdot \text{s}]$

            ρ : 밀도$[\text{kg/m}^3]$

            $\nu[\text{m}^2/\text{s}] = \text{stokes}$

    ※ $1[\text{p} ; \text{poise}] = 1[\text{g/cm} \cdot \text{s}]$

       $1[\text{cp} ; \text{centipoise}] = 0.01[\text{g/cm} \cdot \text{s}]$

       물의 점도 $25[℃] = 1[\text{cp}]$

       동점성계수(동점도) $1[\text{stokes}] = 1[\text{m}^2/\text{s}]$

(11) 비중(Specific Gravity)

물 4[℃]를 기준으로 하였을 때 물체의 무게

① 비중(S) = $\dfrac{물체의\ 무게}{4[℃]의\ 동체적의\ 물의\ 무게} = \dfrac{\gamma}{\gamma_w} = \dfrac{\rho}{\rho_w}$

여기서, γ : 물질의 비중

γ_w : 물의 비중

ρ : 물질의 밀도

ρ_w : 물의 밀도

$$\gamma_w(물의\ 비중량) = 1[g_f/cm^3] = 1{,}000[kg_f/m^3] = 9{,}800[N/m^3]$$

② 기체비중 $S = \dfrac{M}{29}$

여기서, M : 물질의 분자량

29 : 공기의 분자량

(12) 비중량(Specific Weight)

단위체적당 중량(중력에 의한 힘)

$$비중량\ \gamma = \dfrac{F}{V}[N/m^3],\ [kg_f/m^3] = \rho g = \dfrac{P}{H}$$

$$※\ 1[kg_f] = 9.8[N]$$

여기서, F : 힘[N]

V : 체적[m^3]

ρ : 밀도[kg/m^3]

g : 중력가속도(9.8[m/s^2])

P : 압력[N/m^2]

H : 높이[m]

(13) 밀도(Density)

단위체적당 질량(중력가속도 영향을 받지 않는다)

① 밀도 $\rho = \dfrac{m}{V} = \dfrac{\gamma}{g}\,[\mathrm{kg/m^3}]$

② 유체의 밀도 측정법

  • 비중계를 이용하는 방법
  • 질량을 알고 있는 추를 이용하는 방법
  • 알고 있는 체적을 이용하여 액체의 질량을 재는 방법
  ※ 물의 밀도 $\rho = 1\,[\mathrm{g/cm^3}] = 1{,}000\,[\mathrm{kg/m^3}]$
  $\qquad\qquad\quad = 1{,}020\,[\mathrm{N \cdot s^2/m^4}]$ 절대단위
  $\qquad\qquad\quad = 102\,[\mathrm{kg_f \cdot s^2/m^4}]$

(14) 비체적

밀도의 역수

$V_s = \dfrac{1}{\rho} = \dfrac{V}{m}\,[\mathrm{m^3/kg}]$

$\rho = \dfrac{m}{V}\,[\mathrm{kg/m^3}]$

(15) 동 력

일 $W[\mathrm{J}] = Pt\,[\mathrm{W \cdot s}] = Fl\,[\mathrm{N \cdot m}]$

$P = \dfrac{W}{t}\,[\mathrm{J/s}] = [\mathrm{N \cdot m/s}] = \left[\dfrac{\frac{\mathrm{kg \cdot m}}{\mathrm{s^2}} \times \mathrm{m}}{\mathrm{s}}\right] = [\mathrm{kg \cdot m^2/s^3}]$

※ $[\mathrm{N}] = [\mathrm{kg \cdot m/s^2}]$

3 힘의 단위

(1) 절대단위

$$F = ma$$

여기서, F : 힘[N]
$\qquad\quad m$: 질량[kg]
$\qquad\quad a$: 가속도[m/s^2]

① CGS 단위[cm·g·s]

[dyne] : 1[g]의 물체에 1[cm/s^2]의 가속도를 주는 힘

② MKS 단위[m·kg·s]

[Newton] : 1[kg]의 물체에 1[m/s^2]의 가속도를 주는 힘

(2) 중력단위

$F = mg$

여기서, F : 힘[N]

m : 질량[kg]

g : 중력가속도(9.8[m/s^2])

① CGS 단위

1[gr중](g_f) : 1[g]의 물체에 980[cm/s^2]의 중력가속도를 주는 힘

② MKS 단위

1[kg중](kg_f) : 1[kg]의 물체에 9.8[m/s^2]의 중력가속도를 주는 힘

4 힘의 작용

(1) 수평면에 작용하는 힘

$$P = \gamma H = \frac{F}{A}[\text{N/m}^2] \qquad F = PA = \gamma HA = \gamma V[\text{N}]$$

여기서, P : 압력[N/m^2]

γ : 비중량[N/m^3], [kg$_f$/m^3]

H : 높이[m]

A : 단면적[m^2]

V : 체적[m^3]

(2) 경사면에 작용하는 힘

$$F = \gamma y A \sin\theta$$

여기서, γ : 비중량

y : 면적의 도심

A : 면적

θ : 경사진 각도

압력중심 y_p는

$$y_p = \frac{I_C}{yA} + y$$

경사면에 작용하는 힘의 작용점인 압력중심은 도심보다 항상 아래에 있다.

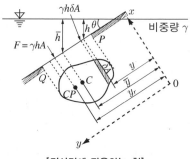

[경사면에 작용하는 힘]

(3) 곡면에 작용하는 힘

① **수평분력** : 연직평면에 곡면을 투영했을 때 투영평면에 작용하는 전압력으로 계산하고 힘의 작용점은 투영면적의 압력중심과 같다.

$$F = \gamma hA$$

② **수직분력** : 곡면이 떠받치고 있는 유체의 무게와 같고 힘의 작용점은 유체의 무게를 지닌다.

$$F = \gamma V$$

(4) 부 력

① **부력** : 정지된 유체에 잠겨있거나 떠있는 물체는 수직상방으로 유체에 의해 받는 힘

$F = \gamma V$

여기서, γ : 비중량

V : 물체가 잠긴 체적

물체의 비중량 : γ_1

물체의 비중 : S_1

물체의 전체 체적 : V_1

유체의 비중량 : γ_2

유체의 비중 : S_2

물체의 잠긴 체적 : V_2

$$F_g = F_B$$
$$\gamma_1 V_1 = \gamma_2 V_2$$
$$S_1 \gamma_w V_1 = S_2 \gamma_w V_2$$
$$\therefore\ S_1 V_1 = S_2 V_2$$

② 완전히 잠긴 경우의 부력

부력 = 공기 중 무게 − 유체 속에서의 무게

※ 부심 : 유체의 잠긴 체적의 중심

PLUS ONE   Archimedes의 원리

부력의 크기는 물체가 유체 속에 잠긴 체적에 해당하는 유체의 무게와 같고 그 방향은 수직상방이다.

5 뉴턴의 법칙(Newton's Law)

(1) 뉴턴의 운동법칙

① 제1법칙(관성의 법칙)

물체는 외부에 힘을 가하지 않는 한 정지해있던 물체는 계속 정지해 있고 운동하고 있던 물체는 계속 운동상태를 유지하려는 성질이 있다.

$$\Sigma F = 0 \qquad 속도 = \text{Constant}$$

② 제2법칙(가속도의 법칙)

물체에 힘을 가하면 가속도가 생기고 가한 힘의 크기는 질량과 가속도에 비례한다.

$$F = ma$$

여기서, F : 힘[dyne], [N]

　　　　m : 질량[g]

　　　　a : 가속도[cm/s^2]

③ 제3법칙(작용·반작용의 법칙)

물체에 힘을 가하면 다른 물체에는 반작용이 나타나고 동일 작용선상에는 크기가 같다.

(2) 뉴턴의 점성법칙

① 난류일 때

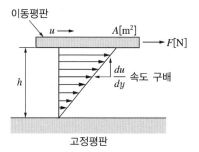

[Newton의 점성법칙]

전단응력은 점성계수와 속도구배에 비례한다.

$$\tau = \frac{F}{A} = \mu \frac{du}{dy}$$

여기서, τ : 전단응력[N/m^2]

　　　　F : 힘[N]

　　　　A : 단면적[m^2]

　　　　μ : 점성계수[kg/m·s]

　　　　$\dfrac{du}{dy}$: 속도 구배(기울기)

$\therefore \ \tau \propto \mu \propto \dfrac{du}{dy}$

② 층류일 때

수평원통형 관 내에 유체가 흐를 때 전단응력은 중심선에서 0이고 반지름에 비례하면서
관 벽까지 직선적으로 증가한다.

$$\tau = \frac{dp}{dl} \cdot \frac{r}{2} = \frac{P_A - P_B}{l} \cdot \frac{r}{2}$$

여기서, P : 압력

l : 길이

r : 반지름

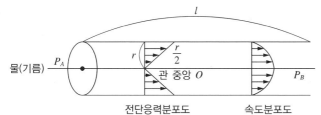

③ 뉴턴의 점성법칙을 만족하는 유체를 뉴턴유체, 점성법칙을 만족하지 못한 유체를 비뉴
턴유체라 하며, 뉴턴유체는 속도 구배에 관계없이 점성계수가 일정하다.

④ 유체의 전단 특성

액체의 점성계수는 온도 증가에 따라 감소하고 기체의 점성계수는 온도증가에 따라 증가
한다.

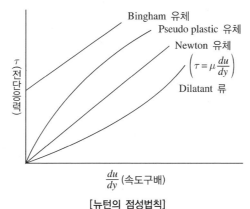

[뉴턴의 점성법칙]

6 열역학의 법칙

(1) 열역학 제0법칙(열평형 법칙)

고온에서 저온으로 이동하여 두 물체가 평형을 유지한다.

(2) 열역학 제1법칙(에너지보존의 법칙)

기체에 공급된 열에너지는 기체 내부에너지의 증가와 기체가 외부에 한 일의 합과 같다.

$$\text{공급된 열에너지 } Q = \Delta U + P\Delta V = \Delta W$$

여기서, U : 내부에너지

　　　　$P\Delta V$: 일

　　　　ΔW : 기체가 외부에 한 일

※ 복사온도계 : 슈테판–볼츠만 법칙 $W = \sigma T^4 [\text{W/m}^2]$

(3) 열역학 제2법칙(비가역 법칙)

① 열은 외부에서 작용을 받지 아니하고 저온에서 고온으로 이동시킬 수 없다.

② 열을 완전히 일로 바꿀 수 있는 열기관을 만들 수 없다(열효율이 100[%]인 열기관은 만들 수 없다).

③ 자발적인 변화는 비가역적이다.

④ 엔트로피는 증가하는 방향으로 흐른다.

(4) 열역학 제3법칙(엔트로피 법칙)

순수한 물질이 1[atm]하에서 완전히 결정상태이면 그의 엔트로피는 0[K]에서 0이다.

7 카르노 사이클(Carnot Cycle, 가장 이상적인 사이클)

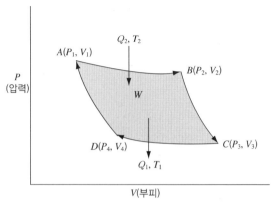

[Carnot Cycle]

① 등온팽창(A → B)

$$Q_2 = RT_2\ln\frac{V_2}{V_1} = RT_2\ln\frac{P_1}{P_2}$$

② 단열팽창(B → C)

$$W_2 = \Delta E = C_v(T_1 - T_2)$$

③ 등온압축(C → D)

$$Q_1 = W_3 = RT_1\ln\frac{V_4}{V_3} = RT_1\ln\frac{P_3}{P_4}$$

④ 단열압축(D → A)

$$W_4 = C_v(T_1 - T_2)$$

∴ 전 Cycle의 일 $W = RT_2\ln\dfrac{V_2}{V_1} + RT_1\ln\dfrac{V_4}{V_3}$

$$= R(T_2 - T_1)\ln\frac{V_2}{V_1}$$

카르노사이클의 열효율 $\eta = \left\{1 - \dfrac{273 + \text{저온}}{273 + \text{고온}}\right\} \times 100[\%]$

$\dfrac{T_2}{T_1} = \left(\dfrac{P_2}{P_1}\right)^{\frac{k-1}{k}} \dfrac{T_2}{T_1} = \left(\dfrac{V_1}{V_2}\right)^{k-1}$ 여기서, k : 비열비

8 엔트로피(Entropy)

계(系)가 가역적으로 흡수한 열량을 그때의 절대온도로 나눈 값

$$S = \frac{Q}{T} \quad \Delta S = \frac{\Delta Q}{T}[\text{cal/g} \cdot \text{K}]$$

여기서, ΔQ : 변화한 열량[cal/g]

T : 절대온도[K]

• 가역과정에서 엔트로피는 0이다($\Delta S = 0$).

• 비가역과정에서 엔트로피는 증가한다($\Delta S > 0$).

• 등엔트로피과정은 단열가역과정이다.

(참고) 가역과정 : 항상 평형상태를 유지하면서 변화하는 과정

9 엔탈피(Enthalpy) : 에너지함량 → 열역학 제1법칙과 동일(에너지보존의 법칙)

$$H = E + PV$$
$$Q = \Delta H = C_p \Delta T$$

여기서, E : 내부에너지

P : 절대 압력(PV 외부에서 한 일)

V : 부피

Q : 열량

C_p : 비열

T : 온도

※ 열전달량 $q = hA\Delta t = \dfrac{\lambda}{l}A\Delta t$

여기서, h : 열전달 계수[W/m^2 · K]

A : 단면적[m^2]

λ : 열전도율[W/m · K]

l : 두께[m]

Δt : 온도차

핵/심/예/제

01 비압축성 유체를 설명한 것으로 가장 옳은 것은? [18년 2회]

① 체적탄성계수가 0인 유체를 말한다.
② 관로 내에 흐르는 유체를 말한다.
③ 점성을 갖고 있는 유체를 말한다.
④ 난류 유동을 하는 유체를 말한다.

> 해설 비압축성 유체 : 물과 같이 압력에 따라 체적이 변하지 않는 액체로서 체적탄성계수가 0인 유체

02 유체에 관한 설명으로 틀린 것은? [20년 4회]

① 실제유체는 유동할 때 마찰로 인한 손실이 생긴다.
② 이상유체는 높은 압력에서 밀도가 변화하는 유체이다.
③ 유체에 압력을 가하면 체적이 줄어드는 유체는 압축성 유체이다.
④ 전단력을 받았을 때 저항하지 못하고 연속적으로 변형하는 물질을 유체라 한다.

> 해설 이상유체 : 높은 압력에서 밀도가 변화하지 않는 유체이다.

03 동력(Power)의 차원을 옳게 표시한 것은?(단, M : 질량, L : 길이, T : 시간을 나타낸다) [17년 2회, 19년 2회, 21년 2회]

① ML^2T^{-3}
② L^2T^{-1}
③ $ML^{-1}T^{-1}$
④ MLT^{-2}

> 해설
> $$W = Pt \rightarrow P = \frac{W}{t}[\text{J/s}]$$
>
> $$[\frac{\text{J}}{\text{s}}] = [\frac{\text{N} \cdot \text{m}}{\text{s}}] = [\frac{\text{kg} \times \frac{\text{m}}{\text{s}^2} \times \text{m}}{\text{s}}] = [\frac{\text{kg} \cdot \text{m}^2}{\text{s}^3}] = ML^2T^{-3}$$

04 다음 단위 중 3가지는 동일한 단위이고 나머지 하나는 다른 단위이다. 이 중 동일한 단위가 아닌 것은?　　　　　　　　　　　　　　　　　　　　　　　　[19년 내회]

① [J]

② [N · s]

③ [Pa · m^3]

④ [kg · m^2/s^2]

> **해설**　**단위 환산**
> ① [J] = [N · m]
>
> ② [N · s] = [kg$\frac{m}{s^2}$] × [s] = [kg · m/s](동력의 단위)
>
> ③ [Pa · m^3] = [$\frac{N}{m^2}$ × m^3] = [N · m] = [J]
>
> ④ [kg · m^2/s^2] = [kg$\frac{m}{s^2}$ × m] = [N · m] = [J]

05 다음 중 표준대기압인 1기압에 가장 가까운 것은?　　　　　　　　　　　　　[19년 1회]

① 860[mmHg]

② 10.33[mAq]

③ 101.325[bar]

④ 1.0332[kg$_f$/m^2]

> **해설**　**표준대기압**
> 1[atm] = 760[mmHg]
> 　　　 = 760[cmHg]
> 　　　 = 29.92[inHg](수은주 높이)
> 　　　 = 1,033.2[cmH$_2$O]
> 　　　 = 10.332[mH$_2$O]([mAq])(물기둥의 높이)
> 　　　 = 1.0332[kg$_f$/cm^2]
> 　　　 = 10,332[kg$_f$/m^2]
> 　　　 = 101,325[Pa = N/m^2]
> 　　　 = 1.013[bar]
> 　　　 = 101.325[kPa]
> 　　　 = 0.101325[MPa]

06 계기압력이 730[mmHg]이고 대기압이 101.3[kPa]일 때 절대압력은 약 몇 [kPa]인가?(단, 수은의 비중은 13.6이다)

[17년 11회]

① 198.6

② 100.2

③ 214.4

④ 93.2

해설 절대압력

절대압력 = 대기압 + 계기압력

$$= 101.3[\text{kPa}] + \frac{730[\text{mmHg}]}{760[\text{mmHg}]} \times 101.325[\text{kPa}]$$

$$= 198.63[\text{kPa}]$$

07 대기의 압력이 1.08[kg$_f$/cm^2]였다면 게이지압력이 12.5[kg$_f$/cm^2]인 용기에서 절대압력 [kg$_f$/cm^2]은?

[17년 1회]

① 12.50

② 13.58

③ 11.42

④ 14.50

해설 절대압력

절대압력 = 대기압 + 게이지압력

$$= 1.08 + 12.5 = 13.58[\text{kg}_f/\text{cm}^2]$$

08 계기압력(Gauge Pressure)이 50[kPa]인 파이프 속의 압력은 진공압력(Vacuum Pressure)이 30[kPa]인 용기 속의 압력보다 얼마나 높은가?

[17년 2회]

① 0[kPa](동일하다)

② 20[kPa]

③ 80[kPa]

④ 130[kPa]

해설 압력 차이

• 절대압 = 대기압 + 계기압력

$$= 101.325[\text{kPa}] + 50[\text{kPa}]$$

$$= 151.325[\text{kPa}]$$

• 절대압 = 대기압 − 진공

$$= 101.325[\text{kPa}] - 30[\text{kPa}] = 71.325[\text{kPa}]$$

∴ 압력 차이 $= 151.325[\text{kPa}] - 71.325[\text{kPa}]$

$$= 80[\text{kPa}]$$

09 240[mmHg]의 절대압력은 계기압력으로 약 몇 [kPa]인가?(단, 대기압은 760[mmHg]이고, 수은의 비중은 13.6이다) [20년 1·2회]

① −32.0

② 32.0

③ −69.3

④ 69.3

해설 계기압력

절대압력 = 대기압 + 계기압력

계기압력 = 절대압력 − 대기압 = (240 − 760)[mmHg] = −520[mmHg]

[mmHg]를 [kPa]로 환산하면

$$-\frac{520[\text{mmHg}]}{760[\text{mmHg}]}\times 101.325[\text{kPa}] = -69.3[\text{kPa}]$$

10 점성계수의 단위로 사용되는 푸아즈(Poise)의 환산 단위로 옳은 것은? [17년 1회]

① $[\text{cm}^2/\text{s}]$

② $[\text{N} \cdot \text{s}^2/\text{m}^2]$

③ $[\text{dyne/cm} \cdot \text{s}]$

④ $[\text{dyne} \cdot \text{s}/\text{cm}^2]$

해설

$$\tau = \mu\frac{du}{dy}$$

$$\mu = \tau\frac{dy}{du} = \left[\frac{\text{N}}{\text{m}^2}\right]\times[\text{m}]\times\frac{1}{\left[\dfrac{\text{m}}{\text{s}}\right]} = [\text{N} \cdot \text{s}/\text{m}^2] = [\text{dyne} \cdot \text{s}/\text{cm}^2] \rightarrow \text{poise}$$

$F = ma$에서 $[\text{N}] = [\text{kg} \cdot \text{m}/\text{s}^2]$이므로 $[\text{N} \cdot \text{s}/\text{m}^2]$는

$$[\text{kg} \cdot \text{m}/\text{s}^2] \cdot [\text{s}]\times\left[\frac{1}{\text{m}^2}\right] = [\text{kg/m} \cdot \text{s}] = [\text{g/cm} \cdot \text{s}] \rightarrow \text{poise}$$

11 점성계수와 동점성계수에 관한 설명으로 올바른 것은? [19년 2회]

① 동점성계수 = 점성계수 × 밀도

② 점성계수 = 동점성계수 × 중력가속도

③ 동점성계수 = 점성계수 / 밀도

④ 점성계수 = 동점성계수 / 중력가속도

 동점성계수

$$\nu = \frac{\mu(\text{절대점도, 점성계수})}{\rho(\text{밀도})}$$

12 체적이 10[m³]인 기름의 무게가 30,000[N]이라면 이 기름의 비중은 얼마인가?(단, 물의 밀도는 1,000[kg/m³]이다) [18년 1회]

① 0.153

② 0.306

③ 0.459

④ 0.612

해설
$$S = \frac{\rho}{\rho_w} = \frac{306.1[\text{kg/m}^3]}{1,000[\text{kg/m}^3]} = 0.3061$$

$$\rho = \frac{w}{V} = \frac{30,000/9.8}{10} = 306.1[\text{kg/m}^3]$$

13 중력가속도가 2[m/s²]인 곳에서 무게가 8[kN]이고 부피가 5[m³]인 물체의 비중은 약 얼마인가? [17년 2회]

① 0.2

② 0.8

③ 1.0

④ 1.6

해설
$$S = \frac{\rho}{\rho_w} = \frac{800}{1,000} = 0.8$$

$$\gamma = \rho g \rightarrow \rho = \frac{\gamma}{g} = \frac{1,600[\text{N/m}^3]}{2[\text{m/s}^2]} = 800[\text{kg/m}^3]$$

$$\gamma[\text{N/m}^3] = \frac{8,000[\text{N}]}{5[\text{m}^3]} = 1,600[\text{N/m}^3]$$

14 수은의 비중이 13.6일 때 수은의 비체적은 몇 [m³/kg]인가? [19년 1회]

① $\dfrac{1}{13.6}$

② $\dfrac{1}{13.6} \times 10^{-3}$

③ 13.6

④ 13.6×10^{-3}

해설 비체적(V_s)

$$V_s = \frac{1}{\rho} = \frac{1}{13,600[\text{kg/m}^3]} = \frac{1}{13.6} \times 10^{-3}[\text{m}^3/\text{kg}]$$

(비중이 13.6이면 밀도(ρ) = 13.6[g/cm³] = 13,600[kg/m³])

핵심
예제

15 다음 중 동력의 단위가 아닌 것은? [18년 1회]

① [J/s]

② [W]

③ $[\text{kg} \cdot \text{m}^2/\text{s}]$

④ $[\text{N} \cdot \text{m/s}]$

해설 동력의 단위

동력 $P[\text{W}] = [\text{J/s}] = [\text{N} \cdot \text{m/s}] = [\text{kg}_f \cdot \text{m/s}]$

16 호주에서 무게가 20[N]인 어떤 물체를 한국에서 재어보니 19.8[N]이었다면 한국에서의 중력가속도는 약 몇 [m/s^2]인가?(단, 호주에서의 중력가속도는 9.82[m/s^2]이다)

[18년 2회, 21년 1회]

① 9.72
② 9.75
③ 9.78
④ 9.82

해설 19.8[N] : 20[N] = x : 9.82[m/s^2]
$x = 9.72$[m/s^2]

17 그림과 같이 수조에 비중이 1.03인 액체가 담겨 있다. 이 수조의 바닥면적이 4[m^2]일 때 이 수조바닥 전체에 작용하는 힘은 약 몇 [kN]인가?(단, 대기압은 무시한다)

[17년 4회]

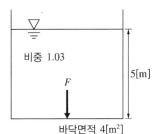

비중 1.03

F

5[m]

바닥면적 4[m^2]

① 98
② 51
③ 156
④ 202

해설 $F = PA = \gamma HA = \gamma V$
$F = \gamma HA$
  $= 1.03 \times 9.8 \times 5 \times 4 = 201.9$[kN]
$\gamma = S\gamma_w$
$\gamma_w = 1,000$[kgf/m^3]
  $= 9,800$[N/m^3]
  $= 9.8$[kN/m^3]

18 2[m] 깊이로 물이 차있는 물 탱크 바닥에 한 변이 20[cm]인 정사각형 모양의 관측창이 설치되어 있다. 관측창이 물로 인하여 받는 순 힘(Net Force)은 몇 [N]인가?(단, 관측창 밖의 압력은 대기압이다) [21년 2회]

① 784

② 392

③ 196

④ 98

해설

$$P = \frac{F}{A}$$

$$F = PA$$

$$F = \gamma h A = 9,800 \frac{[N]}{[m^3]} \times 2[m] \times 0.04[m^2] = 784[N]$$

19 다음 그림과 같은 탱크에 물이 들어있다. 물이 탱크의 밑면에 가하는 힘은 약 몇 [N]인가? (단, 물의 밀도는 1,000[kg/m³], 중력가속도는 10[m/s²]로 가정하며 대기압은 무시한다. 또한 탱크의 폭은 전체가 1[m]로 동일하다) [17년 1회]

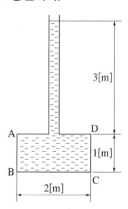

① 40,000

② 20,000

③ 80,000

④ 60,000

해설 탱크의 밑면에 가하는 힘

탱크 밑면에 작용하는 압력 $P = \dfrac{F}{A} = \gamma H$

$$F = \gamma H A = (\rho g) H A$$

∴ 힘 $F = \gamma H A = 10,000 \times 4 \times 2 = 80,000[N]$

$\gamma = \rho g = 1,000 \times 10$
$\quad\quad = 10,000[N/m^3]$

$A = 2 \times 1 = 2[m^2]$

$H = 3 + 1 = 4[m]$

20 그림과 같이 반지름이 0.8[m]이고 폭이 2[m]인 곡면 AB가 수문으로 이용된다. 물에 의한 힘의 수평성분의 크기는 약 몇 [kN]인가?(단, 수문의 폭은 2[m]이다) [17년 1회]

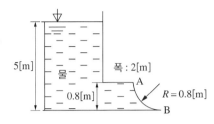

① 72.1

② 84.7

③ 90.2

④ 95.4

해설 수평성분의 크기

$$F_H = \gamma \bar{h} A$$

$$= 9,800[\text{N/m}^3] \times \left[(5 - 0.8[\text{m}]) + \frac{0.8}{2}[\text{m}] \right] \times (0.8 \times 2)[\text{m}^2]$$

$$= 72,128[\text{N}]$$

$$= 72.1[\text{kN}]$$

$$\gamma = \rho g = 1,000[\text{kg/m}^3] \times 9.8[\text{m/s}^2]$$

$$= 9,800[\text{N/m}^3]$$

21 아래 그림과 같은 반지름이 1[m]이고, 폭이 3[m]인 곡면의 수문 AB가 받는 수평분력은 약 몇 [N]인가? [18년 2회]

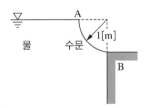

① 7,350

② 14,700

③ 23,900

④ 29,400

해설 수평분력

$$F_H = \gamma \bar{h} A = 9,800[\text{N/m}^3] \times 0.5[\text{m}] \times (1 \times 3)[\text{m}^2]$$

$$= 14,700[\text{N}]$$

$$\gamma = \rho g = 1,000[\text{kg/m}^3] \times 9.8[\text{m/s}^2]$$

$$= 9,800[\text{N/m}^3]$$

22 그림과 같은 1/4원형의 수문 AB가 받는 수평성분 힘(F_H)과 수직성분 힘(F_V)은 각각 약 몇 [kN]인가?(단, 수문의 반지름은 2[m]이고, 폭은 3[m]이다) [19년 1회]

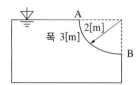

① $F_H = 24.4$, $F_V = 46.2$

② $F_H = 24.4$, $F_V = 92.4$

③ $F_H = 58.8$, $F_V = 46.2$

④ $F_H = 58.8$, $F_V = 92.4$

해설 수평성분과 수직성분을 구하면
- 수평성분 F_H는 곡면 AB의 수평투영면적에 작용하는 힘과 같다.

$$F_H = \gamma \bar{h} A = 9,800[\text{N/m}^3] \times \frac{2}{2}[\text{m}] \times (2 \times 3)[\text{m}^2] = 58,800[\text{N}]$$

$$= 58.8[\text{kN}]$$

- 수직성분 F_V는 AB 위에 있는 가상의 물 무게와 같다.

$$F_V = \gamma V = \gamma A l = 9,800[\text{N/m}^3] \times \left\{ (\pi \times 2^2) \times \frac{1}{4} \times 3[\text{m}] \right\}$$

$$\fallingdotseq 92,362[\text{N}] \fallingdotseq 92.4[\text{kN}]$$

23 폭이 4[m]이고 반경이 1[m]인 그림과 같은 1/4원형 모양으로 설치된 수문 AB가 있다. 이 수문이 받는 수직방향 분력 F_V의 크기[N]는? [19년 4회]

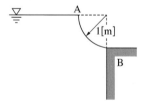

① 7,613 ② 9,801

③ 30,787 ④ 123,000

해설 수직성분은 F_V는 AB 위에 있는 가상의 물 무게와 같다.

$$F_V = \gamma V = \gamma A l = 9,800[\text{N/m}^3] \times \left\{ (\pi \times 1^2) \times \frac{1}{4} \times 4[\text{m}] \right\}$$

$$\fallingdotseq 30,787.6[\text{N}]$$

24 그림과 같이 수족관에 직경 3[m]의 투시경이 설치되어 있다. 이 투시경에 작용하는 힘[kN]은?

[20년 I·2회]

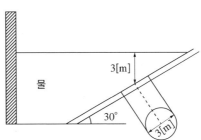

① 207.8

② 123.9

③ 87.1

④ 52.4

해설 투시경에 작용하는 힘(F)

$$F = \gamma \bar{h} A = \gamma \bar{y} \sin\theta A [\text{N}]$$

여기서, 물의 비중량 $\gamma = 9,800[\text{N/m}^3]$,

투시경의 작용점까지 거리 $\bar{y} = \dfrac{3[\text{m}]}{\sin 30°}$

중심투시경의 면적 $A = \dfrac{\pi}{4} \times d^2$

∴ 투시경에 작용하는 힘

$$F = 9,800[\frac{\text{N}}{\text{m}^3}] \times \frac{3[\text{m}]}{\sin 30°} \times \sin 30° \times \left\{\frac{\pi}{4} \times (3[\text{m}])^2\right\} = 207,816[\text{N}]$$

$$= 207.8[\text{kN}]$$

25 그림과 같이 30°로 경사진 0.5[m] × 3[m] 크기의 수문평판 AB가 있다. A 지점에서 힌지로 연결되어 있을 때 이 수문을 열기 위하여 B점에서 수문에 직각방향으로 가해야 할 최소 힘은 약 몇 [N]인가?(단, 힌지 A에서의 마찰은 무시한다)   [18년 4회]

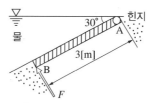

① 7,350

② 7,355

③ 14,700

④ 14,710

해설

$$F = \gamma \bar{y} \sin\theta A = 9,800 \times \frac{3}{2} \times \sin 30° \times (0.5 \times 3) = 11,025[N]$$

($\bar{y}$ 중심까지 거리 $= \frac{3}{2}$)

압력중심 $y_P = \dfrac{I_C}{yA} + \bar{y} = \dfrac{\frac{0.5 \times 3^3}{12}}{\frac{3}{2} \times (0.5 \times 3)} + \frac{3}{2} = 2[m]$

(I_C 관성률 $= \dfrac{bh^3}{12}$)

$F_B \times 3 = F \times 2$

$F_B = \dfrac{2}{3}F = \dfrac{2}{3} \times 11,025$

$= 7,350[N]$

26 그림과 같이 길이 5[m], 입구직경(D_1) 30[cm], 출구직경(D_2) 16[cm]인 직관을 수평면과 30° 기울어지게 설치하였다. 입구에서 0.3[m³/s]로 유입되어 출구에서 대기 중으로 분출된다면 입구에서의 압력[kPa]은?(단, 대기는 표준대기압 상태이고 마찰손실은 없다)

[20년 Ⅰ·2회]

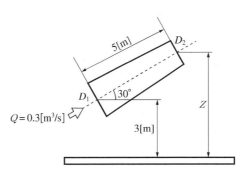

① 24.5

② 102

③ 127

④ 228

해설

$$\frac{P_1}{\gamma} + \frac{u_1^2}{2g} + Z_1 = \frac{P_2}{\gamma} + \frac{u_2^2}{2g} + Z_2$$

(P_2 = 대기압 = 101.325[kN/m²])

$$u_1 = \frac{Q}{A_1} = \frac{Q}{\frac{\pi}{4}D_1^2} = \frac{0.3}{\frac{\pi}{4}\times(0.3)^2} \fallingdotseq 4.24$$

$$u_2 = \frac{Q}{A_2} = \frac{Q}{\frac{\pi}{4}D_2^2} = \frac{0.3}{\frac{\pi}{4}\times(0.16)^2} = 14.92$$

$Z_1 = 3$[m]

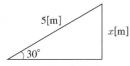

$x = 5\sin 30° = 2.5$[m]

$Z_2 = 3 + 2.5 = 5.5$[m]

$$\frac{P_1}{9.8} + \frac{(4.24)^2}{2\times 9.8} + 3 = \frac{101.325}{9.8} + \frac{(14.92)^2}{2\times 9.8} + 5.5$$

$P_1 = 228.1$[kPa]

27 그림과 같이 반지름 1[m], 폭(y방향) 2[m]인 곡면 AB에 작용하는 물에 의한 힘의 수직성분 (z방향) F_z와 수평성분(x방향) F_x와의 비(F_z / F_x)는 얼마인가? [20년 3회]

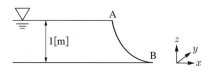

① $\dfrac{\pi}{2}$

② $\dfrac{2}{\pi}$

③ 2π

④ $\dfrac{1}{2\pi}$

해설

$$\frac{수직 \ F_z}{수평 \ F_x} = \frac{\gamma V}{\gamma H A} = \frac{V}{HA} = \frac{\dfrac{\pi}{2}}{\dfrac{1}{2} \times 2} = \frac{\pi}{2}$$

$$V = A \cdot l = \frac{\pi}{4} \times 1^2 \times 2 = \frac{\pi}{2} [\text{m}^3]$$

평균높이 $\overline{H} = \dfrac{h}{2} = \dfrac{1}{2} [\text{m}]$

면적 $A = 1 \times 2 = 2 [\text{m}^2]$

28 정육면체의 그릇에 물을 가득 채울 때, 그릇 밑면이 받는 압력에 의한 수직방향 평균 힘의 크기를 P라고 하면, 한 측면이 받는 압력에 의한 수평방향 평균 힘의 크기는 얼마인가?

[18년 1회, 21년 1회]

① $0.5P$

② P

③ $2P$

④ $4P$

해설 수직 : P

수평 : $\dfrac{P}{2} = 0.5P$

29 물속에 수직으로 완전히 잠긴 원판의 도심과 압력중심 사이의 최대 거리는 얼마인가?(단, 원판의 반지름은 R이며, 이 원판의 면적관성모멘트는 $I_{xc} = \pi R^4/4$이다)

[20년 4회]

① $R/8$

② $R/4$

③ $R/2$

④ $2R/3$

해설 도심과 압력중심 사이의 최대 거리

• 원판의 도심 $\bar{y} = \dfrac{D}{2} = R$

• 압력중심 $y_p = \dfrac{I_{xc}}{yA}$ 에서 $y_p = \dfrac{\dfrac{\pi R^4}{4}}{R \times (\pi R^2)} = \dfrac{R}{4}$

핵심
예제

안심Touch

30 그림과 같은 삼각형 모양의 평판이 수직으로 유체 내에 놓여 있을 때 압력에 의한 힘의 작용점은 자유표면에서 얼마나 떨어져 있는가?(단, 삼각형의 도심에서 단면 2차모멘트는 $bh^3/36$ 이다) [17년 2회]

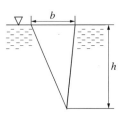

① $h/4$ ② $h/3$

③ $h/2$ ④ $2h/3$

해설   힘의 작용점

$$y_p = \frac{I_c}{\overline{y}A} + \overline{y}$$

여기서, $\overline{y}$: 도심의 위치

        y_p : 단면 2차모멘트

        A : 단면적

작용점 $\dfrac{h}{3}$

$$y_p = \frac{I_C}{\overline{y} \times A} + \overline{y} = \frac{\dfrac{bh^3}{36}}{\dfrac{h}{3} \times \dfrac{1}{2}(b \times h)} + \frac{h}{3} = \frac{\dfrac{bh^3}{36}}{\dfrac{bh^2}{6}} + \frac{h}{3} = \frac{h}{6} + \frac{h}{3}$$

$$= \frac{h}{6} + \frac{2h}{6} = \frac{3h}{6} = \frac{h}{2}$$

31 그림에서 물에 의하여 점 B에서 힌지된 사분원 모양의 수문이 평형을 유지하기 위하여 수면에서 수문을 잡아 당겨야하는 힘 T는 약 몇 [kN]인가?(단, 수문의 폭은 1[m], 반지름($r = \overline{OB}$)은 2[m], 4분원의 중심에서 O점에서 왼쪽으로 $4r/3\pi$인 곳에 있다) [19년 2회]

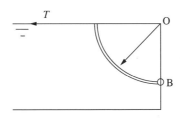

① 1.96
② 9.8
③ 19.6
④ 29.4

해설 $F(T)$ 폭 1[m], $r = 2$[m]

$$F(T) = \gamma HA = 9.8 \times \left(\frac{2}{2}\right) \times (1 \times 2)$$
$$= 19.6[\text{kN}]$$

32 다음 중 동일한 액체의 물성치를 나타낸 것이 아닌 것은? [17년 1회]

① 비중이 0.8
② 밀도가 $800[\text{kg/m}^3]$
③ 비중량이 $7,840[\text{N/m}^3]$
④ 비체적이 $1.25[\text{m}^3/\text{kg}]$

해설 비중 0.8이라면
• 밀도 $= 0.8[\text{g/cm}^3] = 800[\text{kg/m}^3]$
• 비중량 $= 800[\text{kg}_\text{f}/\text{m}^3] = 800 \times 9.8[\text{N/m}^3]$
$= 7,840[\text{N/m}^3]$
• 비체적 $= \dfrac{1}{\rho} = \dfrac{1}{800} = 0.00125[\text{m}^3/\text{kg}]$

33 비중이 0.8인 액체가 한 변이 10[cm]인 정육면체 모양 그릇의 반을 채울 때 액체의 질량 [kg]은? [20년 1·2회]

① 0.4

② 0.8

③ 400

④ 800

해설 $V = 0.1 \times 0.1 \times 0.1 = 0.001[m^3]$
$\qquad = 0.001 \times 10^3[L] = 1[L] = 1[kg]$
액체 질량 $= 1[kg] \times \dfrac{1}{2} \times 0.8 = 0.4[kg]$

34 비중병의 무게가 비었을 때는 2[N]이고, 액체로 충만되어 있을 때는 8[N]이다. 액체의 체적 이 0.5[L]이면 이 액체의 비중량은 약 몇 [N/m³]인가? [19년 2회]

① 11,000

② 11,500

③ 12,000

④ 12,500

해설 액체의 무게 $W = 8[N] - 2[N] = 6[N]$
∴ 액체의 비중량
$\qquad \gamma = \dfrac{W}{V} = \dfrac{6[N]}{0.5[L] \times 10^{-3}} = 12,000[N/m^3]$
※ $1[m^3] = 1,000[L]$

35 공기 중에서 무게가 941[N]인 돌이 물속에서 500[N]이라면 이 돌의 체적[m³]은?(단, 공기 의 부력은 무시한다) [20년 4회]

① 0.012

② 0.028

③ 0.034

④ 0.045

해설 돌의 체적

부력 $F = $ 공기 중에서의 무게 – 물속에서의 무게 $= 941 - 500 = 441[N]$
$F = \gamma V$
$V = \dfrac{F}{\gamma} = \dfrac{441[N]}{9,800[N/m^3]} = 0.045[m^3]$

핵심
예제

36 비중이 1.03인 바닷물에 비중 0.9인 빙산이 떠있다. 전체 부피의 몇 [%]가 해수면 위로 올라와 있는가? [18년 2회]

① 12.6   ② 10.8

③ 7.2   ④ 6.3

해설 $S_w = 1.03$

$S_빙 = 0.9$

잠긴 부분 $V = \dfrac{S_빙}{S_w} = \dfrac{0.9}{1.03} = 0.874 \times 100 = 87.4[\%]$

$100 - 87.4 = 12.6[\%]$ 해수면 위로 올라온 부피

37 비중 0.92인 빙산이 비중 1.025의 바닷물 수면에 떠 있다. 수면 위에 나온 빙산의 체적이 150[m³]이면 빙산의 전체 체적은 약 몇 [m³]인가? [18년 1회]

① 1,314   ② 1,464

③ 1,725   ④ 1,875

해설   • 바닷물에 잠긴 부피(체적)

$V' = \dfrac{S_빙}{S_w} = \dfrac{0.92}{1.025} = 0.8975 = 89.75[\%]$

• 수면 위에 나온 빙산 부피(체적)
= 100 − 89.75 = 10.25[%]

$10.25 : 150 = 89.75 : x$

$x = \dfrac{150 \times 89.75}{10.25} = 1,314.3[m^3]$

빙산의 체적 = 150 + 1,314.3 ≒ 1,464[m³]

38 검사체적(Control Volume)에 대한 운동량방정식(Momentum Equation)과 가장 관계가 깊은 것은? [19년 1회]

① 열역학 제2법칙

② 질량보존의 법칙

③ 에너지보존의 법칙

④ 뉴턴(Newton)의 운동법칙

해설 검사체적은 주어진 좌표계에 고정된 체적을 말하며 뉴턴의 운동 제2법칙은 검사체적(Control Volume)에 대한 운동량방정식의 근원이 되는 법칙이다.

핵심
예제

39 시간 Δt 사이에 유체의 선운동량이 ΔP만큼 변했을 때 $\dfrac{\Delta P}{\Delta t}$ 는 무엇을 뜻하는가?

[17년 1회]

① 유체 운동량의 변화량

② 유체 충격량의 변화량

③ 유체의 가속도

④ 유체에 작용하는 힘

해설 시간 Δt 사이에 물체의 선운동량이 ΔP만큼 변했을 때 $\dfrac{\Delta P}{\Delta t}$ 는 유체에 작용하는 힘이다.

40 다음 기체, 유체, 액체에 대한 설명 중 옳은 것만을 모두 고른 것은? [18년 4회]

> ㉠ 기체 : 매우 작은 응집력을 가지고 있으며, 자유표면을 가지지 않고 주어진 공간을 가득
> 채우는 물질
> ㉡ 유체 : 전단응력을 받을 때 연속적으로 변형하는 물질
> ㉢ 액체 : 전단응력이 전단변형률과 선형적인 관계를 가지는 물질

① ㉠, ㉡   ② ㉠, ㉢
③ ㉡, ㉢   ④ ㉠, ㉡, ㉢

해설 설 명
- 기체 : 매우 작은 응집력을 가지고 있으며, 자유표면을 가지지 않고 주어진 공간을 가득 채우는
  물질
- 유 체
  – 아무리 작은 전단력에도 변형을 일으키는 물질
  – 전단응력이 물질내부에 생기면 정지상태로 있을 수 없는 물질
- Newton유체 : 전단응력과 전단변형률이 선형적인 관계를 갖는 유체

핵심
예제

41 Newton의 점성법칙에 대한 옳은 설명으로 모두 짝지은 것은? [21년 1회]

> ㉠ 전단응력은 점성계수와 속도기울기의 곱이다.
> ㉡ 전단응력은 점성계수에 비례한다.
> ㉢ 전단응력은 속도기울기에 반비례한다.

① ㉠, ㉡   ② ㉡, ㉢
③ ㉠, ㉢   ④ ㉠, ㉡, ㉢

해설 전단응력 $\tau = \mu \dfrac{du}{dy}$

여기서, μ : 점성계수

$\dfrac{du}{dy}$: 속도기울기

∴ 전단응력은
- 점성계수와 속도기울기의 곱이다.
- 점성계수와 속도기울기에 비례한다.

안심Touch

42 원형 단면을 가진 관 내에 유체가 완전 발달된 비압축성 층류유동으로 흐를 때 전단응력은?

[18년 1회]

① 중심에서 0이고, 중심선으로부터 거리에 비례하여 변한다.
② 관 벽에서 0이고, 중심선에서 최대이며 선형분포한다.
③ 중심에서 0이고, 중심선으로부터 거리의 제곱에 비례하여 변한다.
④ 전 단면에 걸쳐 일정하다.

해설 비압축성 정상유동일 때 전단응력 : 중심선에서 0이고 중심선으로부터 거리에 비례하여 변한다.

43 유체의 거동을 해석하는 데 있어서 비점성 유체에 대한 설명으로 옳은 것은? [20년 3회]

① 실제 유체를 말한다.
② 전단응력이 존재하는 유체를 말한다.
③ 유체 유동 시 마찰저항이 속도 기울기에 비례하는 유체이다.
④ 유체 유동 시 마찰저항을 무시한 유체를 말한다.

해설 비점성 유체 : 유체 유동 시 마찰저항을 무시한 유체

44 점성에 관한 설명으로 틀린 것은?

[20년 1·2회]

① 액체의 점성은 분자 간 결합력에 관계된다.
② 기체의 점성은 분자 간 운동량 교환에 관계된다.
③ 온도가 증가하면 기체의 점성은 감소된다.
④ 온도가 증가하면 액체의 점성은 감소된다.

해설 액체의 점성을 지배하는 분자응집력은 온도가 증가하면 감소하고 기체의 점성을 지배하는 분자운동량은 온도가 증가하면 증가하기 때문에 온도가 증가하면 기체의 점성은 증가한다.

42 ① 43 ④ 44 ③ 정답

45 2[cm] 떨어진 두 수평한 판 사이에 기름이 차 있고, 두 판 사이의 정중앙에 두께가 매우 얇은 한 변의 길이가 10[cm]인 정사각형 판이 놓여있다. 이 판을 10[cm/s]의 일정한 속도로 수평하게 움직이는 데 0.02[N]의 힘이 필요하다면, 기름의 점도는 약 몇 [N · s/m²]인가? (단, 정사각형 판의 두께는 무시한다) [18년 1회]

① 0.1   ② 0.2

③ 0.01   ④ 0.02

해설 기름의 점도

전단응력 $\tau = \dfrac{F}{A} = \mu\dfrac{u}{h}$ 에서 힘 $F = \mu A \dfrac{u}{h}$

- 정사각형 판이 두 수평한 판 사이의 중앙에 있으므로 윗면에 작용하는 힘(F_1)과 아랫면에 작용하는 힘(F_2)은 같다. 따라서, 정사각형 판을 움직이는 데 필요한 힘 $F = F_1 + F_2 = 2F_1$ 이다.

- 힘 $F = 2 \times \left(\mu A \dfrac{u}{h}\right)$ 에서 점성계수

$$\mu = \frac{Fh}{2Au} = \frac{0.02[\text{N}] \times 0.01[\text{m}]}{2 \times \left(0.1[\text{m}] \times 0.1[\text{m}]\right) \times 0.1\dfrac{[\text{m}]}{[\text{s}]}}$$

$$= 0.1[\text{N} \cdot \text{s/m}^2]$$

※ 수직거리 $h = 1[\text{cm}]$

46 유체가 평판 위를 $u[\text{m/s}] = 500y - 6y^2$ 의 속도분포로 흐르고 있다. 이때 $y[\text{m}]$는 벽면으로부터 측정된 수직거리일 때 벽면에서의 전단응력은 약 몇 [N/m²]인가?(단, 점성계수는 $1.4 \times 10^{-3}[\text{Pa} \cdot \text{s}]$이다) [17년 1회]

① 14   ② 7

③ 1.4   ④ 0.7

해설 벽면($y = 0$)에서 속도구배를 미분하면

$$\tau = \mu\frac{du}{dy}$$

$$= 1.4 \times 10^{-3} \times \frac{d}{dy}(500y - 6y^2)$$

$$= 1.4 \times 10^{-3} \times (500 - 12y)$$

$$= 1.4 \times 10^{-3} \times 500$$

$$= 0.7[\text{N/m}^2]$$

47 다음 열역학적 용어에 대한 설명으로 틀린 것은? [18년 1회]

① 물질의 3중점(Triple Point)은 고체, 액체, 기체의 3상이 평형상태로 공존하는 상태의 지점을 말한다.

② 일정한 압력하에서 고체가 상변화를 일으켜 액체로 변화할 때 필요한 열을 융해열(융해 잠열)이라 한다.

③ 고체가 일정한 압력하에서 액체를 거치지 않고 직접 기체로 변화하는 데 필요한 열을 승화열이라 한다.

④ 포화액체를 정압하에서 가열할 때 온도변화 없이 포화증기로 상변화를 일으키는 데 사용되는 열을 현열이라 한다.

> **해설** 포화액체를 정압하에서 가열할 때 온도변화 없이 포화증기로 상변화를 일으키는 데 사용되는 열을 잠열이라 한다.

48 다음 중 열역학 제1법칙에 관한 설명으로 옳은 것은? [19년 1회]

① 열은 그 자신만으로 저온에서 고온으로 이동할 수 없다.

② 일은 열로 변환시킬 수 있고 열은 일로 변환시킬 수 있다.

③ 사이클 과정에서 열이 모두 일로 변화할 수 없다.

④ 열평형상태에 있는 물체의 온도는 같다.

> **해설** 열역학 제1법칙 : 일은 열로 변환시킬 수 있고 열은 일로 변환시킬 수 있다.

49 질량 m[kg]의 어떤 기체로 구성된 밀폐계가 Q[kJ]의 열을 받아 일을 하고 이 기체의 온도가 ΔT[℃] 상승하였다면 이 계가 외부에 한 일(W)은?(단, 이 기체의 정적비열은 C_v[kJ/kg · K], 정압비열은 C_p[kJ/kg · K]) [17년 1회]

① $W = Q - m C_v \Delta T$ ② $W = Q + m C_v \Delta T$

③ $W = Q - m C_p \Delta T$ ④ $W = Q + m C_p \Delta T$

> **해설** 체적이 일정하므로 정적비열 C_v
> $Q\text{[kJ]} = E + W$
> $W = Q - E$
> $\quad = Q - m C_v \Delta T$

50 질량 m[kg]의 어떤 기체로 구성된 밀폐계가 Q[kJ]의 열을 받아 일을 하고, 이 기체의 온도가 ΔT[℃] 상승하였다면 이 계가 외부에 한 일 W[kJ]을 구하는 계산식으로 옳은 것은? (단, 이 기체의 정적비열은 C_v[kJ/kg·K], 정압비열은 C_p[kJ/kg·K]이다) [21년 1회]

① $W = Q - mC_v\Delta T$

② $W = Q + mC_v\Delta T$

③ $W = Q - mC_p\Delta T$

④ $W = Q + mC_p\Delta T$

해설 밀폐계에 대한 열역학 제1법칙의 에너지보존방정식
- 에너지 변화량 $\Delta E = \Delta U + \Delta KE + \Delta PE = Q - W$
  여기서, ΔU : 내부에너지변화량
  　　　　ΔKE : 운동에너지변화량
  　　　　ΔPE : 위치에너지변화량
- 밀폐계에서 운동에너지변화량과 위치에너지변화량은 매우 작으므로 무시한다.
- 정적비열 = 체적 일정
∴ 일 $W = Q - \Delta U = Q - mC_v\Delta T$[kJ]

51 대기압하에서 10[℃]의 물 2[kg]이 전부 증발하여 100[℃]의 수증기로 되는 동안 흡수되는 열량[kJ]은 얼마인가?(단, 물의 비열은 4.2[kJ/kg·K], 기화열은 2,250[kJ/kg]이다)

[20년 3회]

① 756

② 2,638

③ 5,256

④ 5,360

해설 물 → 수증기(기체)
$Q = mC\Delta t$(현열) $+ \gamma m$(잠열)
　　$= 4.2 \times 2 \times 90 + 2,250 \times 2$
　　$= 5,256$[kJ]

52 압력 0.1[MPa], 온도 250[℃] 상태인 물의 엔탈피가 2,974.33[kJ/kg]이고 비체적은 2.40604[m³/kg]이다. 이 상태에서 물의 내부에너지[kJ/kg]는? [17년 1회, 21년 2회]

① 2,733.7

② 2,974.1

③ 3,214.9

④ 3,582.7

> **해설** 내부에너지
> 엔탈피 $H = u + Pv$, $u = H - Pv$
> ∴ 내부에너지 $u = H - Pv$
>
> $u = 2,974.33 \dfrac{[\text{kJ}]}{[\text{kg}]} - (0.1 \times 10^3)[\text{kPa}] \times 2.40604[\text{m}^3/\text{kg}]$
>
> $\qquad = 2,733.7[\text{kJ/kg}]$

53 표면적이 A, 절대온도가 T_1인 흑체와 절대온도가 T_2인 흑체 주위 밀폐공간 사이의 열전달량은? [17년 1회]

① $T_1 - T_2$에 비례한다.

② $T_1^2 - T_2^2$에 비례한다.

③ $T_1^3 - T_2^3$에 비례한다.

④ $T_1^4 - T_2^4$에 비례한다.

> **해설** 열전달량(복사에너지)은 절대온도의 4제곱에 비례한다.

54 표면적이 같은 두 물체가 있다. 표면온도가 2,000[K]인 물체가 내는 복사에너지는 표면온도가 1,000[K]인 물체가 내는 복사에너지의 몇 배인가? [19년 4회]

① 4

② 8

③ 16

④ 32

> **해설** 복사에너지는 절대온도의 4제곱에 비례한다.
> $T_1 : T_2 = [1,000]^4 : [2,000]^4 = 1 : 16$

55 과열증기에 대한 설명으로 틀린 것은?　[20년 1·2회]

① 과열증기의 압력은 해당 온도에서의 포화압력보다 높다.

② 과열증기의 온도는 해당 압력에서의 포화온도보다 높다.

③ 과열증기의 비체적은 해당 온도에서의 포화증기의 비체적보다 크다.

④ 과열증기의 엔탈피는 해당 압력에서의 포화증기의 엔탈피보다 크다.

해설　**과열증기**
- 포화증기를 일정한 포화압력 상태에서 가열하여 포화온도 이상으로 상승된 증기이다.
- 포화압력에서 포화증기를 가열하면 과열증기가 발생하며 이때 과열증기의 열역학적 상태는 다음과 같다.
  - 포화증기의 포화압력과 같다.
  - 포화증기의 포화온도보다 높다.
  - 포화증기의 비체적보다 크다.
  - 포화증기의 엔탈피보다 크다.
  - 포화증기의 엔트로피보다 크다.

56 20[℃] 물 100[L]를 화재현장의 화염에 살수하였다. 물이 모두 끓는 온도(100[℃])까지 가열되는 동안 흡수하는 열량은 약 몇 [kJ]인가?(단, 물의 비열은 4.2[kJ/kg · K]이다)

[18년 2회]

① 500

② 2,000

③ 8,000

④ 33,600

해설　**열 량**

$Q = mC\Delta t$

여기서, m : 질량(물 100[L] = 100[kg])

C : 비열(4.2[kJ/kg · K])

Δt : 온도차(373 − 293 = 80[K])

$\therefore \ Q = mC\Delta t = 100[\text{kg}] \times \dfrac{4.2[\text{kJ}]}{[\text{kg} \cdot \text{K}]} \times 80[\text{K}]$

$= 33,600[\text{kJ}]$

57 Carnot 사이클이 800[K]의 고온 열원과 500[K]의 저온 열원 사이에서 작동한다. 이 사이클에 공급하는 열량이 사이클당 800[kJ]이라 할 때 한 사이클당 외부에 하는 일은 약 몇 [kJ]인가?

[17년 4회]

① 200

② 300

③ 400

④ 500

해설

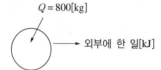

$Q = 800[kg]$

→ 외부에 한 일[kJ]

열역학 1법칙

$$\eta = \frac{W}{Q} = \frac{T_H - T_L}{T_H}$$

$$W = \frac{T_H - T_L}{T_H} \times Q$$

$$= \frac{800 - 500}{800} \times 800$$

$$= 300[kJ]$$

핵심 예제

58 이상적인 카르노사이클의 과정인 단열압축과 등온압축의 엔트로피 변화에 관한 설명으로 옳은 것은?

[19년 1회]

① 등온압축의 경우 엔트로피 변화는 없고, 단열압축의 경우 엔트로피 변화는 감소한다.

② 등온압축의 경우 엔트로피 변화는 없고, 단열압축의 경우 엔트로피 변화는 증가한다.

③ 단열압축의 경우 엔트로피 변화는 없고, 등온압축의 경우 엔트로피 변화는 감소한다.

④ 단열압축의 경우 엔트로피 변화는 없고, 등온압축의 경우 엔트로피 변화는 증가한다.

해설 이상적인 카르노사이클의 과정 : 단열압축의 경우 엔트로피 변화는 없고 등온압축의 경우 엔트로피 변화는 감소한다.

59 300[K]의 저온 열원을 가지고 카르노 사이클로 작동하는 열기관의 효율이 70[%]가 되기 위해서 필요한 고온 열원의 온도[K]는?

[21년 2회]

① 800

② 900

③ 1,000

④ 1,100

해설

$$효율 = \frac{출력}{입력} \times 100$$

$$= \frac{출력}{공급한\ 열}$$

$$\eta = \frac{W}{Q} = \frac{T_1 - T_2}{T_1}$$

$$0.7 = \frac{T_1 - 300}{T_1} \qquad T_1 = 1,000[K]$$

핵심
예제

60 대기압에서 10[℃]의 물 10[kg]을 70[℃]까지 가열할 경우 엔트로피 증가량[kJ/K]은?(단, 물의 정압비열은 4.18[kJ/kg · K]이다)

[20년 4회]

① 0.43

② 8.03

③ 81.3

④ 2,508.1

해설 엔트로피 증가량(ΔS)

$$\Delta S = m C_p \ln \frac{T_2}{T_1} [kJ/K]$$

$$= 10[kg] \times 4.18 \left[\frac{kJ}{kg \cdot K}\right] \ln \frac{(273+70)[K]}{(273+10)[K]} = 8.03[kJ/K]$$

61 피스톤이 설치된 용기 속에서 1[kg]의 공기가 일정온도 50[℃]에서 처음 체적의 5배로 팽창되었다면 이때 전달된 열량[kJ]은 얼마인가?(단, 공기의 기체상수는 0.287[kJ/kg·K]이다)

[21년 1회]

① 149.2

② 170.6

③ 215.8

④ 240.3

해설 이상기체 상태변화 – 정온과정

$$Q = mRT \ln\left(\frac{V_2}{V_1}\right)$$

$$= 1[\text{kg}] \times 0.287[\text{kJ/kg}\cdot\text{K}] \times (273+50)[\text{K}] \times \ln\left(\frac{5}{1}\right)$$

$$= 149.19[\text{kJ}]$$

핵심 예제

62 압력 200[kPa], 온도 60[℃]의 공기 2[kg]이 이상적인 폴리트로픽 과정으로 압축되어 압력 2[MPa], 온도 250[℃]로 변화하였을 때 이 과정 동안 소요된 일의 양은 약 몇 [kJ]인가?(단, 기체상수는 0.287 [kJ/kg·K]이다)

[17년 1회]

① 224

② 327

③ 447

④ 560

해설 ① 폴리트로픽과정에서 온도와 압력과의 관계

$$\frac{T_2}{T_1} = \left(\frac{P_2}{P_1}\right)^{\frac{n-1}{n}}$$ 에서 폴리트로픽지수를 구한다.

양변에 ln을 취하면 $\ln\frac{T_2}{T_1} = \frac{n-1}{n}\ln\frac{P_2}{P_1}$ 이고

$$\frac{n-1}{n} = \frac{\ln\dfrac{T_2}{T_1}}{\ln\dfrac{P_2}{P_1}} = \frac{\ln\dfrac{273+250}{273+60}}{\ln\dfrac{2\times10^6}{200\times10^3}} = 0.196$$

$$n - 1 = 0.196n$$

$$(1-0.196)n = 1$$

$$n = \frac{1}{1-0.196} = 1.2437 \fallingdotseq 1.244$$

② 압축일 $W_t = \frac{1}{n-1}mR(T_1 - T_2)$ 에서

$$W_t = \frac{1}{1.244-1} \times 2[\text{kg}] \times 0.287\frac{[\text{kJ}]}{[\text{kg}\cdot\text{K}]} \times \{(273+60)-(273+250)\}[\text{K}]$$

$$= -447[\text{kJ}] (- 부호는 압축임을 나타낸다)$$

63 초기상태에서 압력 100[kPa], 온도 15[℃]인 공기가 있다. 공기의 부피가 초기 부피의 $\frac{1}{20}$ 이 될 때까지 단열압축할 때 압축 후의 온도는 약 몇 [℃]인가?(단, 공기의 비열비는 1.40이다)

[18년 1회]

① 54

② 348

③ 682

④ 912

해설 단열압축 후의 온도

• 단열압축 과정에서 온도와 체적의 관계

$$\frac{T_2}{T_1} = \left(\frac{V_1}{V_2}\right)^{k-1} \text{에서}$$

• 압축 후의 온도

$$T_2 = \left(\frac{V_1}{V_2}\right)^{k-1} \times T_1 = \left(\frac{V_1}{\frac{1}{20}V_1}\right)^{1.4-1} \times (273+15)[\text{K}] = 954.6[\text{K}] = 681.6[℃]$$

※ [K] = 273 + [℃]

[℃] = [K] − 273 = 954.6 − 273 = 681.6[℃]

핵심 예제

64 −10[℃], 6기압의 이산화탄소 10[kg]이 분사노즐에서 1기압까지 가역 단열팽창 하였다면 팽창 후의 온도는 몇 [℃]가 되겠는가?(단, 이산화탄소의 비열비는 1.289이다) [20년 1·2회]

① −85

② −97

③ −105

④ −115

해설 단열팽창 후의 온도

$$T_2 = T_1 \times \left(\frac{P_2}{P_1}\right)^{\frac{k-1}{k}}$$

여기서, T_1 : 팽창 전의 온도

P_1 : 팽창 전의 압력

P_2 : 팽창 후의 압력

k : 비열비

$$\therefore \ T_2 = (273-10)[\text{K}] \times \left(\frac{1}{6}\right)^{\frac{1.289-1}{1.289}}$$

$$= 176[\text{K}] = -97[℃]$$

※ [K] = 273 + [℃]

안심Touch

65 초기온도와 압력이 각각 50[℃], 600[kPa]인 이상기체를 100[kPa]까지 가역 단열팽창 시켰을 때 온도는 약 몇 [K]인가?(단, 이 기체의 비열비는 1.4이다) [18년 2회]

① 194

② 216

③ 248

④ 262

> **해설** 가역 단열팽창 시 온도
>
> $$T_2 = T_1 \left(\frac{P_2}{P_1}\right)^{\frac{k-1}{k}} = (273 + 50)[\text{K}] \times \left(\frac{100}{600}\right)^{\frac{1.4-1}{1.4}} = 193.6[\text{K}]$$

66 다음 중 열전달 매질이 없어도 열이 전달되는 형태는? [21년 2회]

① 전 도

② 자연대류

③ 복 사

④ 강제대류

> **해설** 복사 = 복사광선(적외선, 자외선, 가시광선), 매질이 없다.

67 100[cm] × 100[cm]이고 300[℃]로 가열된 평판에 25[℃]의 공기를 불어준다고 할 때 열전달량은 약 몇 [kW]인가?(단, 대류 열전달 계수는 30[W/m² · K]이다) [18년 2회]

① 2.98

② 5.34

③ 8.25

④ 10.91

> **해설** 열전달량 $q = hA\Delta t$
>
> 여기서, h : 대류 열전달 계수
>
> Δt : 온도차(573 − 298)
>
> A : 면적($1[\text{m}] \times 1[\text{m}] = 1[\text{m}^2]$)
>
> $\therefore q = hA\Delta t$
>
> $= 30 \times 10^{-3}[\text{kW/m}^2 \cdot \text{K}] \times 1[\text{m}^2] \times (573 - 298)[\text{K}]$
>
> $= 8.25[\text{kW}]$

68 지름 10[cm]인 금속구가 대류에 의해 열을 외부공기로 방출한다. 이때 발생하는 열전달량이 40[W]이고, 구 표면과 공기 사이의 온도차가 50[℃]라면 공기와 구 사이의 대류 열전달 계수[W/m² · K]는 얼마인가?   [18년 1회]

① 25   ② 50

③ 75   ④ 100

해설 대류 열전달 계수
열전달량 $q = hA\Delta t$ [W]
여기서, h : 대류 열전달 계수
Δt : 온도차(50[℃] = 50[K])
$A = 4\pi r^2$ (열전달 방향에 수직인 구의 면적)
$= 4 \times \pi \times (0.05[\text{m}])^2$
$= 0.0314[\text{m}^2]$
$\therefore h = \dfrac{q}{A\Delta t} = \dfrac{40}{0.0314 \times 50} = 25.48[\text{W/m}^2 \cdot \text{K}]$

69 지름 2[cm]의 금속 공은 선풍기를 켠 상태에서 냉각하고, 지름 4[cm]의 금속 공은 선풍기를 끄고 냉각할 때 동일 시간당 발생하는 대류 열전달량의 비(2[cm] 공 : 4[cm] 공)는?(단, 두 경우 온도차는 같고, 선풍기를 켜면 대류 열전달 계수가 10배가 된다고 가정한다)

[18년 4회]

① 1 : 0.3375   ② 1 : 0.4

③ 1 : 5   ④ 1 : 10

해설 $q = hA\Delta t$ 에서 온도가 동일
$q = hA$
$q_1 : q_2 = 10h \times \dfrac{\pi}{4} \times 2^2 : h \times \dfrac{\pi}{4} \times 4^2$
$= 10 : 4$
$= 1 : 0.4$

70 온도 차이가 ΔT, 열전도율이 k_1, 두께 x인 벽을 통한 열유속(Heat Flux)과 온도 차이가 $2\Delta T$, 열전도율이 k_2, 두께 $0.5\,x$인 벽을 통한 열유속이 서로 같다면 두 재질의 열전도율비 k_1/k_2의 값은?   [20년 1·2회]

① 1   ② 2

③ 4   ④ 8

해설   **열전도율비 값**

열전달열량 $q = \dfrac{k}{l} A \Delta t$

여기서, k : 열전도율[W/m·K]

l : 두께[m]

A : 면적

Δt : 온도차

$\therefore \dfrac{k_1 \Delta t}{x} = \dfrac{k_2 2\Delta t}{0.5x}$

$k_1 \Delta t = k_2 4\Delta t$

$\dfrac{k_1}{k_2} = \dfrac{4\Delta t}{\Delta t} = 4$

핵심
예제

71 온도 차이 20[℃], 열전도율 5[W/m·K], 두께 20[cm]인 벽을 통한 열유속(Heat Flux)과 온도 차이 40[℃], 열전도율 10[W/m·K], 두께 t[cm]인 같은 면적을 가진 벽을 통한 열유속이 같다면 두께 t는 약 몇 [cm]인가?   [19년 1회]

① 10   ② 20

③ 40   ④ 80

해설   열전달열량 $q = \dfrac{\lambda}{l} A \Delta t$

$\dfrac{5[\text{W/m·K}]}{20[\text{cm}]} \times 20[℃] = \dfrac{10[\text{W/m·K}]}{t} \times 40[℃]$

두께$(t) = 80[\text{cm}]$

72 외부표면의 온도가 24[℃], 내부표면의 온도가 24.5[℃]일 때, 높이 1.5[m], 폭 1.5[m], 두께 0.5[cm]인 유리창을 통한 열전달률은 약 몇 [W]인가?(단, 유리창의 열전도계수는 0.8[W/m · K]이다) [19년 2회]

① 180
② 200
③ 1,800
④ 2,000

해설 열전달률

열전달열량 $q = \dfrac{\lambda}{l}A\Delta t$

여기서, λ : 열전도율[W/m · K]
l : 두께[m]
A : 면적
Δt : 온도차

$\therefore \ q = \dfrac{\lambda}{l}A\Delta t$

$= \dfrac{0.8[\text{W/m} \cdot \text{K}]}{0.005[\text{m}]}(1.5[\text{m}] \times 1.5[\text{m}]) \times [(273+24.5)-(273+24)][\text{K}]$

$= 180[\text{W}]$

73 열전달 면적이 A이고, 온도 차이가 10[℃], 벽의 열전도율이 10[W/m · K], 두께 25[cm]인 벽을 통한 열류량은 100[W]이다. 동일한 열전달 면적에서 온도 차이가 2배, 벽의 열전도율이 4배가 되고 벽의 두께가 2배가 되는 경우 열류량[W]은 얼마인가? [17년 4회, 20년 4회]

① 50
② 200
③ 400
④ 800

해설 열전달률

$q = \dfrac{\lambda}{l}A\Delta t$

$q \propto \lambda \propto \dfrac{1}{l} \propto \Delta t$

$q' = 100 \times 4 \times \dfrac{1}{2} \times 2$

$= 400[\text{W}]$

74 서로 다른 재질로 만든 평판의 양쪽 온도가 다음과 같을 때 동일한 면적 및 두께를 통한 열류량이 모두 동일하다면, 어느 것이 단열재로서 성능이 가장 우수한가? [17년 2회]

㉠ 30~10[℃]	㉡ 10~-10[℃]
㉢ 20~10[℃]	㉣ 40~10[℃]

① ㉠   ② ㉡

③ ㉢   ④ ㉣

해설 **열전도열량**

$$q = \frac{\lambda}{l} A \Delta t$$

여기서, λ : 열전도율
　　　　l : 두께
　　　　A : 면적
　　　　Δt : 온도차

① 단열재는 열전도율이 작을수록 성능이 우수하다.

② 열전도율 $\lambda = \dfrac{ql}{A\Delta t}$ 에서 열전도열량(q)과 두께(l) 및 면적(A)이 동일하다면 열전도율은 온도차 (Δt)와 반비례하므로 평판 양쪽 온도의 차가 클수록 열전도율이 작다.

핵심
예제

75 마그네슘은 절대온도 293[K]에서 열전도도가 156[W/m·K], 밀도는 1,740[kg/m³]이고, 비열이 1,017[J/kg·K]일 때, 열확산계수[m²/s]는? [20년 3회]

① 8.96×10^{-2} ② 1.53×10^{-1}

③ 8.81×10^{-5} ④ 8.81×10^{-4}

해설 **열확산계수(α)**

$$열확산계수 = \frac{열전도도}{밀도 \times 비열}$$

$$\alpha = \frac{\lambda}{\rho \times C} [\text{m/s}^2]$$

$$\alpha = \frac{156\left[\dfrac{\text{J/s}}{\text{m} \cdot \text{K}}\right]}{1,740\left[\dfrac{\text{kg}}{\text{m}^3}\right] \times 1,017\left[\dfrac{\text{J}}{\text{kg} \cdot \text{K}}\right]} = 8.81 \times 10^{-5} [\text{m}^2/\text{s}]$$

※ [W] = [J/s]

76 두께 20[cm]이고 열전도율 4[W/m·K]인 벽의 내부 표면온도는 20[°C]이고, 외부 벽은 −10[°C]인 공기에 노출되어 있어 대류 열전달이 일어난다. 외부의 대류 열전달 계수가 20[W/m²·K]일 때, 정상상태에서 벽의 외부표면온도[°C]는 얼마인가?(단, 복사열전달은 무시한다)

[21년 1회]

① 5   ② 10

③ 15   ④ 20

해설   정상상태에서의 열전달

- 정상상태이므로 벽 내부에서 전도되는 열량과 벽 표면에서 손실되는 대류열량은 같다.

- 전도열량 $q_1 = \dfrac{\lambda}{l} A \triangle t$[W]

- 대류열량 $q_2 = \alpha A \triangle t$[W]

∴ $q_1 = q_2$에서 $\dfrac{\lambda}{l} A (t_1 - t_2) = \alpha A (t_2 - t_o)$

$\dfrac{\lambda}{l} (t_1 - t_2) = \alpha (t_2 - t_o)$이고

$\dfrac{4 \left[\dfrac{W}{m \cdot K} \right]}{0.2[m]} (293 - t_2)[K] = 20 \left[\dfrac{W}{m^2 \cdot K} \right] (t_2 - 263)[K]$

$20 \left[\dfrac{W}{m^2 \cdot K} \right] (293 - t_2)[K] = 20 \left[\dfrac{W}{m^2 \cdot K} \right] (t_2 - 263)[K]$

$293[K] - t_2 = t_2 - 263[K]$

$2t_2 = 556[K]$

$t_2 = 278[K] = 278[K] - 273[K] = 5[°C]$

핵심
예제

77 가역 단열과정에서 엔트로피 변화는 $\triangle S$는?   [17년 2회]

① $\triangle S > 1$

② $0 < \triangle S < 1$

③ $\triangle S = 1$

④ $\triangle S = 0$

해설   가역 단열과정에서 엔트로피 변화 $\triangle S = 0$

78 다음 중 등엔트로피 과정은 어느 과정인가? [20년 4회]

① 가역 단열과정
② 가역 등온과정
③ 비가역 단열과정
④ 비가역 등온과정

해설 가역 단열과정 : 등엔트로피 과정

79 물질의 열역학적 변화에 대한 설명으로 틀린 것은? [19년 4회]

① 마찰은 비가역성의 원인이 될 수 있다.
② 열역학 제1법칙은 에너지 보존에 대한 것이다.
③ 이상기체는 이상기체 상태방정식을 만족한다.
④ 가역 단열과정은 엔트로피가 증가하는 과정이다.

해설 78번 해설 참조

80 이상적인 교축과정(Throttling Process)에 대한 설명 중 옳은 것은? [17년 4회]

① 압력이 변하지 않는다.
② 온도가 변하지 않는다.
③ 엔탈피가 변하지 않는다.
④ 엔트로피가 변하지 않는다.

해설 이상적인 교축과정에서는 엔탈피가 변하지 않는다.

81 이상기체의 등엔트로피 과정에 대한 설명 중 틀린 것은? [18년 1회]

① 폴리트로픽 과정의 일종이다.
② 가역 단열과정에서 나타난다.
③ 온도가 증가하면 압력이 증가한다.
④ 온도가 증가하면 비체적이 증가한다.

해설 이상기체의 등엔트로피 과정
· 가역 단열과정이다.
· 폴리트로픽 과정의 일종이다.
· 온도가 증가하면 압력이 증가한다.

82 이상기체의 기체상수에 대해 옳은 설명으로 모두 짝지어진 것은? [21년 1회]

> ㉠ 기체상수의 단위는 비열의 단위와 차원이 같다.
> ㉡ 기체상수는 온도가 높을수록 커진다.
> ㉢ 분자량이 큰 기체의 기체상수가 분자량이 작은 기체의 기체상수보다 크다.
> ㉣ 기체상수의 값은 기체의 종류에 관계없이 일정하다.

① ㉠ 　　　　　　　　　② ㉠, ㉢
③ ㉡, ㉢ 　　　　　　　④ ㉠, ㉡, ㉣

해설 기체상수
· 단 위

종 류	기체상수	비 열
단 위	kJ/kg · K	kJ/kg · K

· 기체상수 $R = \dfrac{\overline{R}}{M}$ [kJ/kg · K]

　여기서, 일반기체상수 $\overline{R} = 8.314$ [kJ/kg − mol · K]
　　　　　M : 기체의 분자량
· 기체상수는 압력, 체적 온도변화에 대하여 항상 일정하다.
· 기체상수는 분자량에 반비례하므로 분자량이 작을수록 기체의 기체상수는 크다.
　예 공기 29[g/mol] → 0.287[kJ/kg · K]
　　　CO_2 44[g/mol] → 0.189[kJ/kg · K]
· 기체상수의 값은 기체의 분자량에 반비례하므로 기체가 종류에 따라 다른 값을 갖는다.

83 이상기체의 정압비열 C_p와 정적비열 C_v와의 관계로 옳은 것은?(단, R은 이상기체 상수이고, k는 비열비이다)

[18년 4회]

① $C_p = \dfrac{1}{2}C_v$

② $C_p < C_v$

③ $C_p - C_v = R$

④ $\dfrac{C_v}{C_p} = k$

해설　　$C_p - C_v = R$

핵심
예제

84 압력 2[MPa]인 수증기의 건도가 0.2일 때 엔탈피는 몇 [kJ/kg]인가?(단, 포화증기 엔탈피는 2,780.5[kJ/kg]이고, 포화액의 엔탈피는 910[kJ/kg]이다)

[19년 2회]

① 1,284

② 1,466

③ 1,845

④ 2,406

해설　　엔탈피

건도 $x = \dfrac{h - h_f}{h_g - h_f}$

여기서, h : 엔탈피[kJ/kg]

$\quad\quad\quad h_g$: 포화증기 엔탈피[kJ/kg]

$\quad\quad\quad h_f$: 포화액 엔탈피[kJ/kg]

엔탈피 $h = h_f + x(h_g - h_f)$에서

∴ $h = 910[\text{kJ/kg}] + 0.2(2,780.5 - 910)[\text{kJ/kg}]$

$\quad = 1,284.1[\text{kJ/kg}]$

85 10[kg]의 수증기가 들어 있는 체적 2[m³]의 단단한 용기를 냉각하여 온도를 200[℃]에서 150[℃]로 낮추었다. 나중 상태에서 액체상태의 물은 약 몇 [kg]인가?(단, 150[℃]에서 물의 포화액 및 포화증기의 비체적은 각각 0.0011[m³/kg], 0.3925[m³/kg]이다) [19년 2회]

① 0.508

② 1.24

③ 4.92

④ 7.86

해설 액체상태 물의 양[kg]

• 수증기의 비체적

$$\nu = \frac{V}{m} = \frac{2[\mathrm{m}^3]}{10[\mathrm{kg}]} = 0.2[\mathrm{m}^3/\mathrm{kg}]$$

• 습 도

$$y = 1 - x = 1 - \frac{\nu - \nu_f}{\nu_g - \nu_f}$$

여기서, ν : 수증기의 비체적

ν_g : 포화증기의 비체적

ν_f : 포화액의 비

x : 건도

$$y = 1 - \frac{\nu - \nu_f}{\nu_g - \nu_f} = 1 - \frac{(0.2 - 0.0011)[\mathrm{m}^3/\mathrm{kg}]}{(0.3925 - 0.0011)[\mathrm{m}^3/\mathrm{kg}]} = 0.4918$$

∴ 액체상태 물의 양

$$W = y \times m = 0.4918 \times 10[\mathrm{kg}] = 4.918[\mathrm{kg}] = 4.92[\mathrm{kg}]$$

핵심
예제

안심Touch

CHAPTER 02 유체의 운동 및 압력

1 유체의 흐름

(1) 정상유동

유동장 내 임의의 한 점에서 속도(u), 온도(T), 압력(P), 밀도(ρ) 등의 평균값이 시간에 따라 변하지 않는 흐름

$$\frac{\partial u}{\partial t} = \frac{\partial \rho}{\partial t} = \frac{\partial P}{\partial t} = \frac{\partial T}{\partial t} = 0$$

(2) 비정상유동

유동장 내 임의의 한 점에서 유체의 흐름의 특성이 시간에 따라 변하는 흐름

$$\frac{\partial u}{\partial t} \neq \frac{\partial \rho}{\partial t} \neq \frac{\partial P}{\partial t} \neq \frac{\partial T}{\partial t} \neq 0$$

2 유체의 연속방정식(질량보존의 법칙)

연속방정식은 질량보존의 법칙을 유체유동에 적용한 방정식이다.

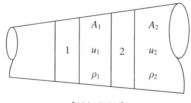

[연속방정식]

(1) 질량유량(질량유동률)

$$\overline{m} = A_1 u_1 \rho_1 = A_2 u_2 \rho_2 [\text{kg/s}]$$

여기서, A : 면적[m^2]

u : 유속[m/s]

ρ : 밀도[kg/m^3]

(2) 중량유량

$$G = A_1 u_1 \gamma_1 = A_2 u_2 \gamma_2 \, [\text{kg}_\text{f}/\text{s}]$$

여기서, γ : 비중량[$\text{kg}_\text{f}/\text{m}^3$]

(3) 체적유량(용량) → 비압축성유체, 밀도가 불변

$$Q = A_1 u_1 = A_2 u_2 \, [\text{m}^3/\text{s}]$$
$$\text{※ LPM} \rightarrow [\text{L/min}]$$

(4) 비압축성 유체

유체의 유속은 단면적에 반비례하고 지름의 제곱에 반비례한다.

$$\frac{u_2}{u_1} = \frac{A_1}{A_2} = \left(\frac{D_1}{D_2} \right)^2$$

3 유선, 유적선, 유맥선

(1) 유선(流線)

유동장 내의 모든 점에서 속도벡터의 방향과 일치하도록 그려진 가상곡선

$$\frac{dx}{u} = \frac{dy}{v} = \frac{dz}{w}$$

(2) 유적선(流跡線)

한 유체입자가 일정기간 동안에 움직인 경로

(3) 유맥선(流脈線)

공간 내의 한 점을 지나는 모든 유체 입자들의 순간궤적

4 오일러의 운동방정식(Euler's Equations of Motion)

$$\frac{dP}{\rho} + VdV + gdZ = 0$$

[Euler 방정식 적용조건]

① 정상 유동

② 유선따라 입자가 운동할 때

③ 유체의 마찰이 없을 때(점성력이 0이다)

　(※ 정상류 → 시간에 따라 압력, 밀도, 시간, 속도가 일정)

5 베르누이 방정식(Bernoulli's Equation)

그림과 같이 유체의 관의 단면1과 2를 통해 정상적으로 유동하고 있다고 한다.
이상유체라 하면 에너지보존법칙에 의해 다음과 같은 방정식이 성립된다.

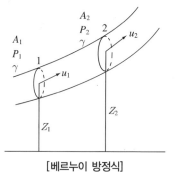

[베르누이 방정식]

$$\frac{u_1^2}{2g} + \frac{P_1}{\gamma} + Z_1 = \frac{u_2^2}{2g} + \frac{P_2}{\gamma} + Z_2 = \mathrm{Const}$$

여기서, u는 각 단면에 있어서의 유체평균속도[m/s]

　　　　P는 압력[kg$_f$/m^2]

　　　　Z는 높이[m]

　　　　γ는 비중량(1,000[kg$_f$/m^3])이다.

그리고 $\dfrac{u^2}{2g}$는 속도수두(Velocity Head)

　　　$\dfrac{P}{\gamma}$는 압력수두(Pressure Head)

　　　Z는 위치수두(Potential Head)

유체의 마찰을 고려하면, 즉 비압축성 유체일 때의 방정식

① 손실수두가 주어진 경우

$$\frac{u_1^2}{2g} + \frac{P_1}{\gamma} + Z_1 = \frac{u_2^2}{2g} + \frac{P_2}{\gamma} + Z_2 + H_l \;(\because H_l : 손실수두[\text{m}])$$

② 펌프양정이 주어진 경우

$$\frac{u_1^2}{2g} + \frac{P_1}{\gamma} + Z_1 + H_P = \frac{u_2^2}{2g} + \frac{P_2}{\gamma} + Z_2 \;(\because H_P : 펌프의 양정[\text{m}])$$

③ 펌프양정과 손실수두가 주어진 경우

$$\frac{u_1^2}{2g} + \frac{P_1}{\gamma} + Z_1 + H_P = \frac{u_2^2}{2g} + \frac{P_2}{\gamma} + Z_2 + H_l$$

(※ 펌프는 1차, 손실수두는 2차에 적용)

6 유체의 운동량 방정식

(1) 운동량 수정계수(β)

$$\beta = \frac{1}{AV^2}\int_A u^2\,dA$$

여기서, A : 단면적[m^2]

V : 평균속도[m/s]

u : 국부속도[m/s]

dA : 미소단면적[m^2]

(2) 운동에너지 수정계수(α)

$$\alpha = \frac{1}{AV^3}\int_A u^3\,dA$$

여기서, A : 단면적[m^2]

V : 평균속도[m/s]

u : 국부속도[m/s]

dA : 미소단면적[m^2]

(3) 힘 $F = Q\rho u$

여기서, F : 힘[N] = [kg · m/s²]

Q : 유량[m³/s]

ρ : 밀도(물 : $\rho_w = 1{,}000[\text{kg/m}^3] = 1{,}000[\text{N} \cdot \text{s}^2/\text{m}^4] = 102[\text{kg}_f \cdot \text{s}^2/\text{m}^4]$)

1[N] = 0.102[kg_f]

7 각 운동량

(1) 모멘트

$$\text{모멘트} \quad T = \frac{d}{dt}m \cdot u \cdot r$$

여기서, 각 운동량 $= mur$(운동량 × 반지름)

(2) 각 운동량 법칙에 의하면

$$\text{모멘트} \quad T = \rho Q(r_2 u_2 - r_1 u_1)$$

여기서, Q : 유량

u_1 : 입구의 유속

u_2 : 출구의 유속

r_1 : 입구의 반경

r_2 : 출구의 반경

8 분류에 의한 추진(추력)

(1) 탱크의 노즐에 의한 추진

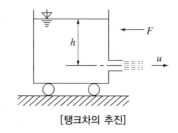

[탱크차의 추진]

$$u = \sqrt{2gH}, \quad F = Q\rho u, \quad Q = uA$$

추진 $F = ma = \overline{m}u = A\rho u \cdot u = A\rho u^2$

$\qquad\qquad = Q\rho u \qquad = A\rho(\sqrt{2gH})^2$

$\qquad\qquad\qquad\qquad\quad = A\rho 2gH$

$\qquad\qquad\qquad\qquad\quad = 2\gamma AH$

$\therefore$ 추력 $F = ma = \rho Qu = \rho Au^2 = 2\gamma AH[\text{N}]$

(2) 제트기의 추진

$$F = Q_2\rho_2 u_2 - Q_1\rho_1 u_1$$

(3) 로켓의 추진

$$F = Q\rho u$$

여기서, u : 분사속도[m/s]

$\qquad Q$: 유량[m^3/s]

$\qquad \rho$: 밀도[kg/m^3]

9 토리첼리의 식(Torricelli's Equation)

① 유체의 속도는 수두의 제곱근에 비례한다.

수정계수 C_v를 사용하여 유속에 C_v를 곱하여 주면 된다.

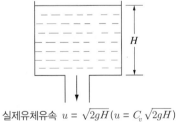

실제유체유속 $u = \sqrt{2gH}(u = C_v\sqrt{2gH})$

C_v : 유량계수(주어지면 계산)

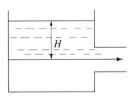

이상유체유속 $u = \sqrt{2gH}$

[유체의 속도]

② 토출부가 측면일 때

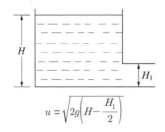

$$u = \sqrt{2g\left(H - \frac{H_1}{2}\right)}$$

$$u = \sqrt{2g\left(H - H_1 - \frac{H_2}{2}\right)}$$

10 파스칼의 원리(Pascal's Principle)

밀폐된 용기에 들어있는 유체에 작용하는 압력의 크기는 변하지 않고 모든 방향으로 전달된다. 수압기는 Pascal의 원리를 이용한 것이다.

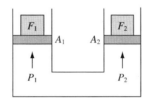

[Pascal의 원리]

$$P = \frac{F}{A}\,[\text{N/m}^2], \quad P_1 = P_2, \quad \frac{F_1}{A_1} = \frac{F_2}{A_2}$$

여기서, F_1, F_2 : 가해진 힘

$\qquad A_1$, A_2 : 단면적

※ $F = \widehat{P}A(F \propto A \propto D^2)$

$\qquad\quad$ └→ 일정

11 모세관현상(Capillarity in Tube)

액체 속에 가는 관(모세관)을 넣으면 액체가 관을 따라 상승, 하강하는 현상. 응집력이 부착력보다 크면 액면이 내려가고, 부착력이 응집력보다 크면 액면이 올라간다.

$$h = \frac{\Delta p}{\gamma} = \frac{4\sigma\cos\theta}{\gamma d}$$

여기서, σ : 표면장력[dyne/cm = N/m]

　　　　θ : 접촉각

　　　　γ : 물의 비중량

　　　　d : 내경

　　　　g : 중력가속도($9.8[\text{m/s}^2]$)

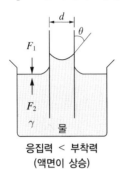

응집력 < 부착력
(액면이 상승)

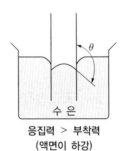

응집력 > 부착력
(액면이 하강)

12 표면장력(Surface Tension)

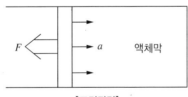

[표면장력]

액체 표면을 최소로 작게 하는 데 필요한 힘으로 온도가 높고 농도가 크면 표면장력은 작아진다.

$$\sigma = \frac{\Delta P \cdot d}{4}$$

여기서, σ : 표면장력([dyne/cm], [N/m], [kg/m])

　　　　ΔP : 압력차

　　　　d : 내경

※ 표면장력의 크기 : 알코올 < 물 < Hg(수은)

13 보일의 법칙(Boyle's Law, 등온법칙)

기체의 부피는 온도가 일정할 때 절대압력에 반비례한다.

$$T = \text{일정}, \quad PV = k \ (P : \text{압력}, \ V : \text{부피})$$

14 샤를의 법칙(Charles's Law, 등압법칙)

압력이 일정할 때 기체가 차지하는 부피는 절대온도에 비례한다.

$$\frac{V_1}{T_1} = \frac{V_2}{T_2}$$

15 보일-샤를의 법칙(Boyle-Charles's Law)

기체가 차지하는 부피는 압력에 반비례하고 절대온도에 비례한다.

$$\frac{P_1 V_1}{T_1} = \frac{P_2 V_2}{T_2}, \quad V_2 = V_1 \times \frac{P_1}{P_2} \times \frac{T_2}{T_1}$$

16 이상기체상태방정식

(1) 이상기체(Ideal Gas)

① 분자 상호 간의 인력을 무시한다.
② 분자가 차지하는 부피는 전부피에 비하여 작아서 무시할 수 있다.

③ 점성이 없는 비압축성 유체

(2) 이상기체상태방정식

1[mol]에 대해서는 $PV = nRT$

$$PV = nRT = \frac{W}{M}RT$$

여기서, P : 압력[atm]

V : 부피[m³]

n : [mol]수(무게/분자량)

W : 무게[kg]

M : 분자량

R : 기체상수

T : 절대온도(273 + [℃])

PLUS ONE ➕ 기체상수(R)의 값

- 0.08205[L · atm/g-mol · K]
- 0.08205[m³ · atm/kg-mol · K]
- 1.987[cal/g-mol · K]
- 0.7302[atm · ft³/lb-mol · R]
- 848.4[kg · m/kg-mol · K]
- 8.314 × 10⁷[erg/g-mol · K]

17 완전기체상태방정식

$PV = \dfrac{W}{M}RT$ $\qquad$ R : 일반기체상수

$PV = \dfrac{R}{M}WT$ $\qquad$ $\overline{R} = \dfrac{R}{M}$: 특별기체상수

$PV = W\overline{R}T$

$\overline{R} = \dfrac{PV}{WT} \left[\dfrac{\dfrac{N}{m^2} \times m^3}{kg \times K} \right] = \left[\dfrac{N \cdot m}{kg \cdot K} \right] = [J/kg \cdot K]$

공기 일반 기체상수 $R = 8,312[atm \cdot m^3/kmol \cdot K]$

$\overline{R} = \dfrac{R}{M} = \dfrac{8,312}{29} ≒ 287[J/kg \cdot K] = [N \cdot m/kg \cdot K]$

※ 문제에서 기체상수 주어짐(단위만 신경쓸 것)

18 체적탄성계수

(1) 체적탄성계수

압력이 P일 때 체적 V인 유체에 압력을 ΔP만큼 증가시켰을 때 체적이 ΔV만큼 감소한다면 체적탄성계수(K)는

$$K = -\frac{\Delta P}{\Delta V / V} = \frac{\Delta P}{\Delta \rho / \rho}$$

여기서, P : 압력

V : 체적

ρ : 밀도

$\Delta V / V$: 무차원

K : 압력단위

- 압축률 $\beta = \dfrac{1}{K}$
- 등온변화일 때, $K = P$
- 단열변화일 때, $K = kP$ (k : 비열비) $= \dfrac{\text{정압비열 } C_P}{\text{정적비열 } C_V} > 1$

(2) 압력파의 전파속도

$$a = \sqrt{\frac{dp}{d\rho}} = \sqrt{\frac{K}{\rho}}$$

(3) 단열과정일 때 음속

$$a = \sqrt{\frac{K}{\rho}} = \sqrt{kRT} \quad \text{(기체상수 } R : [\text{N} \cdot \text{m/kg} \cdot \text{K}])$$
$$= \sqrt{kgRT} \quad \text{(기체상수 } R : [\text{kg}_\text{f} \cdot \text{m/kg} \cdot \text{K}])$$

핵/심/예/제

01 흐르는 유체에서 정상류의 의미로 옳은 것은? [21년 1회]

① 흐름의 임의의 점에서 흐름특성이 시간에 따라 일정하게 변하는 흐름
② 흐름의 임의의 점에서 흐름특성이 시간에 관계없이 항상 일정한 상태에 있는 흐름
③ 임의의 시각에 유로 내 모든 점의 속도벡터가 일정한 흐름
④ 임의의 시각에 유로 내 각 점의 속도벡터가 다른 흐름

> **해설** 정상류 : 흐름의 임의의 점에서 흐름특성이 시간에 따라 관계없이 항상 일정한 상태에 있는 흐름

02 비압축성 유체의 2차원 정상유동에서 x방향의 속도를 u, y방향의 속도를 v라고 할 때 다음에 주어진 식들 중에서 연속방정식을 만족하는 것은 어느 것인가? [18년 1회]

① $u = 2x + 2y,\ v = 2x - 2y$

② $u = x + 2y,\ v = x^2 - 2y$

③ $u = 2x + y,\ v = x^2 + 2y$

④ $u = x + 2y,\ v = 2x - y^2$

> **해설**
> 비압축성 유체의 2차원 정상유동은 $\dfrac{\partial u}{\partial x} + \dfrac{\partial v}{\partial y} = 0$을 만족해야 한다.
> (※ 정상유동 : 속도, 온도, 압력, 밀도 등의 평균값이 시간에 따라 변하지 않는 흐름)
> ① $\dfrac{\partial u}{\partial x} + \dfrac{\partial v}{\partial y} = 2 + (-2) = 0$
> ② $\dfrac{\partial u}{\partial x} + \dfrac{\partial v}{\partial y} = 1 + (-2) = -1$
> ③ $\dfrac{\partial u}{\partial x} + \dfrac{\partial v}{\partial y} = 2 + 2 = 4$
> ④ $\dfrac{\partial u}{\partial x} + \dfrac{\partial v}{\partial y} = 1 + (-2y)$

03 지름 20[cm]의 소화용 호스에 물이 질량유량 80[kg/s]로 흐른다. 이때 평균유속은 약 몇 [m/s]인가?

[18년 2회]

① 0.58

② 2.55

③ 5.97

④ 25.48

> **해설** $\overline{m} = Au\rho$에서
>
> $$u = \frac{\overline{m}}{A\rho} = \frac{80[\mathrm{kg/s}]}{\frac{\pi}{4}(0.2[\mathrm{m}])^2 \times 1{,}000[\mathrm{kg/m^3}]} = 2.55[\mathrm{m/s}]$$

04 지름 40[cm]인 소방용 배관에 물이 80[kg/s]로 흐르고 있다면 물의 유속[m/s]은?

[17년 2회, 20년 4회]

① 6.4

② 0.64

③ 12.7

④ 1.27

> **해설** 질량유량 $\overline{m} = Au\rho$에서
>
> $$u = \frac{\overline{m}}{A\rho} = \frac{80[\mathrm{kg/s}]}{\frac{\pi}{4}(0.4[\mathrm{m}])^2 \times 1{,}000[\mathrm{kg/m^3}]} = 0.64[\mathrm{m/s}]$$

05 지름 75[mm]인 관로 속에 물이 평균속도 4[m/s]로 흐르고 있을 때 유량[kg/s]은?

[19년 4회]

① 15.52

② 16.92

③ 17.67

④ 18.52

> **해설** 질량유량
>
> $$\overline{m} = Au\rho = \frac{\pi}{4} \times (75 \times 10^{-3})^2 \times 4 \times 1{,}000 = 17.67[\mathrm{kg/s}]$$

06 안지름 100[mm]인 파이프를 통해 2[m/s]의 속도로 흐르는 물의 질량유량은 약 몇 [kg/min]인가?

[17년 1회]

① 15.7

② 157

③ 94.2

④ 942

해설 질량유량 $\overline{m} = Au\rho$에서

$\therefore \ \overline{m} = Au\rho$

$= \dfrac{\pi}{4}(0.1[\text{m}])^2 \times 2[\text{m/s}] \times 60[\text{s/min}] \times 1,000[\text{kg/m}^3]$

$= 942[\text{kg/min}]$

핵심
예제

07 관로에서 20[℃]의 물이 수조에 5분 동안 유입되었을 때 유입된 물의 중량이 60[kN]이라면 이때 유량은 몇 [m³/s]인가?

[18년 4회]

① 0.015

② 0.02

③ 0.025

④ 0.03

해설 유 량

$\overline{m} = Au\rho = Q\rho \qquad Q = \dfrac{\overline{m}}{\rho}$

$Q = \dfrac{\overline{m}}{\rho} = \dfrac{\dfrac{60[\text{kN}]}{5 \times 60[\text{s}]}}{9.8\dfrac{[\text{kN}]}{[\text{m}^3]}} = 0.02[\text{m}^3/\text{s}]$

안심Touch

08 체적이 0.1[m³]인 탱크 안에 절대압력이 1,000[kPa]인 공기가 6.5[kg/m³]의 밀도로 채워져 있다. 시간이 $t = 0$일 때 단면적이 70[mm²]인 1차원 출구로 공기가 300[m/s]의 속도로 빠져나가기 시작한다면 그 순간에서의 밀도 변화율[kg/m³·s]은 약 얼마인가?(단, 탱크 안에 유체의 특성량은 일정하다고 가정한다)

[17년 4회]

① −1.365
② −1.865
③ −2.365
④ −2.865

해설

$$0.1[m^3]$$

$$P = 1,000[kPa]$$
$$\rho = 6.5[kg/m^3]$$

$$A = 70[mm^2]$$
$$u = 300[m/s]$$

$\overline{m} = Au\rho$이므로

$$\Delta\rho = Au\rho \times \frac{1}{V}$$

$$= 70 \times 10^{-6} \times 300 \times 6.5 \times \frac{1}{0.1}$$

$$= 1.365[kg/m^3 \cdot s]$$

(−) 빠져나가는 양

09 안지름 40[mm]의 배관 속을 정상류의 물이 매분 150[L]로 흐를 때의 평균유속[m/s]은?

[20년 3회]

① 0.99
② 1.99
③ 2.45
④ 3.01

해설 평균유속

$$Q = uA$$

여기서, Q : 유량(150[L/min] = 150 × 10⁻³[m³]/60[s] = 0.0025[m³/s])

A : 면적($= \frac{\pi}{4}D^2 = \frac{\pi}{4}(0.04[m])^2 = 0.0012566[m^2]$)

$$\therefore u = \frac{Q}{A} = \frac{0.0025}{0.0012566} = 1.99[m/s]$$

10 그림과 같이 단면 A에서 정압이 500[kPa]이고 10[m/s]로 난류의 물이 흐르고 있을 때 단면 B에서의 유속[m/s]은? [20년 1·2회]

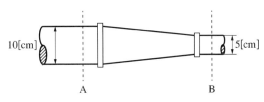

① 20

② 40

③ 60

④ 80

해설 $Q = A_A u_A = A_B u_B$

$$u_B = \frac{A_A}{A_B} u_A = \frac{\frac{\pi}{4} D_A^2}{\frac{\pi}{4} D_B^2} u_A$$

$$= \frac{D_A^2}{D_B^2} \times u_A = \frac{(0.1)^2}{(0.05)^2} \times 10$$

$$= 40[\text{m/s}]$$

11 그림과 같은 관에 비압축성 유체가 흐를 때 A단면의 평균속도가 V_1이라면 B단면에서의 평균속도 V_2는?(단, A단면의 지름이 d_1이고 B단면의 지름은 d_2이다) [19년 2회]

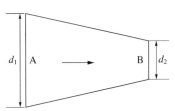

① $V_2 = \left(\frac{d_1}{d_2}\right) V_1$

② $V_2 = \left(\frac{d_1}{d_2}\right)^2 V_1$

③ $V_2 = \left(\frac{d_2}{d_1}\right) V_1$

④ $V_2 = \left(\frac{d_2}{d_1}\right)^2 V_1$

해설 유체의 유속은 단면적에 반비례하고 지름의 제곱에 반비례한다.

$$\frac{V_2}{V_1} = \frac{A_1}{A_2} = \left(\frac{d_1}{d_2}\right)^2 \qquad V_2 = \left(\frac{d_1}{d_2}\right)^2 V_1$$

12 평균유속 2[m/s]로 50[L/s] 유량의 물로 흐르게 하는 데 필요한 관의 안지름은 약 몇 [mm]인가?   [19년 1회]

① 158

② 168

③ 178

④ 188

해설   안지름

$$Q = uA = u \times \frac{\pi}{4}D^2 \qquad D = \sqrt{\frac{4Q}{\pi u}}$$

$$D = \sqrt{\frac{4Q}{\pi u}} = \sqrt{\frac{4 \times 50 \times 10^{-3}[\text{m}^3/\text{s}]}{\pi \times 2[\text{m/s}]}} = 0.17846[\text{m}] = 178[\text{mm}]$$

핵심
예제

13 안지름이 25[mm]인 노즐 선단에서의 방수압력은 계기압력으로 5.8×10^5[Pa]이다. 이때 방수량은 몇 약 [m³/s]인가?   [19년 2회]

① 0.017

② 0.17

③ 0.034

④ 0.34

해설   방수량

$Q = uA$

여기서, u : 유속

        A : 면적

$u = \sqrt{2gH}$

$\quad = \sqrt{2 \times 9.8 \times \frac{5.8 \times 10^2}{101.325} \times 10.332}$

$\quad = 34.05[\text{m/s}]$

$Q = Au$

$\quad = \frac{\pi}{4} \times (25 \times 10^{-3})^2 \times 34.05$

$\quad = 0.0167[\text{m}^3/\text{s}]$

12 ③   13 ①   정답

14 안지름이 13[mm]인 옥내소화전의 노즐에서 방출되는 물의 압력(계기압력)이 230[kPa]이라면 10분 동안의 방수량은 약 몇 [m³]인가? [17년 4회]

① 1.7

② 3.6

③ 5.2

④ 7.4

해설 $Q = 0.6597 D^2 \sqrt{10P}$

여기서, Q : 유량[L/min]

D : 직경[mm]

P : 압력[MPa]

$= 0.6597 \times 13^2 \times \sqrt{10 \times 230 \times 10^{-3}}$

$= 169.08[\text{L/min}]$

$= 169.08 \times 10^{-3}[\text{m}^3/\text{min}] \times 10[\text{min}]$

$= 1.69[\text{m}^3]$

15 옥내소화전에서 노즐의 직경이 2[cm]이고 방수량이 0.5[m³/min]이라면 방수압(계기압력, [kPa])은? [20년 4회]

① 35.90

② 359.0

③ 566.4

④ 56.64

해설 방수량(유량)

$Q = 0.6597 D^2 \sqrt{10P}$

여기서, Q : 유량[L/min]

D : 내경[mm]

P : 압력[MPa]

$500[\text{L/min}] = 0.6597 \times (20)^2 \times \sqrt{10P}$

$P = 0.3590[\text{MPa}] = 359[\text{kPa}]$

16 용량 1,000[L]의 탱크차가 만수 상태로 화재현장에 출동하여 노즐압력 294.2[kPa], 노즐구경 21[mm]를 사용하여 방수한다면 탱크차 내의 물을 전부 방수하는 데 몇 분 소요되는가? (단, 모든 손실은 무시한다) [21년 1회]

① 1.7분 ② 2분
③ 2.3분 ④ 2.7분

해설

$$Q = 0.6597 D^2 \sqrt{10P}$$

여기서, D : 구경[mm]

P : 압력[MPa]

Q : 유량[L/min]

$Q = 0.6597 D^2 \sqrt{10P} = 0.6597 \times 21^2 \times \sqrt{10 \times 294.2 \times 10^{-3}} = 499.01[\text{L/min}]$

$\dfrac{1,000[\text{L}]}{499.01[\text{L/min}]} ≒ 2[\text{min}]$

17 용량 2,000[L]의 탱크에 물을 가득 채운 소방차가 화재현장에 출동하여 노즐압력 390[kPa], 노즐구경 2.5[cm]를 사용하여 방수한다면 소방차 내의 물이 전부 방수되는 데 걸리는 시간은? [19년 4회]

① 약 2분 26초
② 약 3분 35초
③ 약 4분 12초
④ 약 5분 44초

해설 방수량

$$Q = 0.6597 C D^2 \sqrt{10P}$$

여기서, Q : 유량[L/min]

C : 유량계수

D : 내경[mm]

P : 압력(390[kPa] = 0.39[MPa])

공식에서 $Q = 0.6597 D^2 \sqrt{10P}$

$= 0.6597 \times (25)^2 \times \sqrt{10 \times 0.39}$

$≒ 814.25[\text{L/min}]$

$\therefore 2,000[\text{L}] \div 814.25[\text{L/min}] ≒ 2.46[\text{min}]$

$≒ 2분 27초$

18 베르누이 방정식을 적용할 수 있는 기본 전제조건으로 옳은 것은? [17년 1회, 21년 1회]

① 비압축성 흐름, 점성 흐름, 정상 유동

② 압축성 흐름, 비점성 흐름, 정상 유동

③ 비압축성 흐름, 비점성 흐름, 비정상 유동

④ 비압축성 흐름, 비점성 흐름, 정상 유동

해설 베르누이 방정식의 적용 조건
- 비압축성 흐름
- 비점성 흐름
- 정상 유동

19 경사진 관로의 유체흐름에서 수력기울기선의 위치로 옳은 것은? [20년 3회]

① 언제나 에너지선보다 위에 있다.

② 에너지선보다 속도수두만큼 아래에 있다.

③ 항상 수평이 된다.

④ 개수로의 수면보다 속도수두 만큼 위에 있다.

해설 수력구배선(수력기울기선)은 항상 에너지선보다 속도수두$\left(\dfrac{u^2}{2g}\right)$만큼 아래에 있다.

- 전수두선 : $\dfrac{P}{\gamma} + \dfrac{u^2}{2g} + Z$를 연결한 선

- 수력구배선 : $\dfrac{P}{\gamma} + Z$를 연결한 선

20 스프링클러헤드의 방수압이 4배가 되면 방수량은 몇 배가 되는가? [19년 1회]

① $\sqrt{2}$ 배

② 2배

③ 4배

④ 8배

해설 방수량

$$Q = k\sqrt{P} = \sqrt{4} = 2$$

핵심
예제

21 동일한 노즐구경을 갖는 소방차에서 방수압력이 1.5배가 되면 방수량은 몇 배로 되는가?

[21년 2회]

① 1.22배

② 1.41배

③ 1.52배

④ 2.25배

해설 $Q = Au$

$$P = \frac{\rho u^2}{2}$$

$$u = \sqrt{\frac{2P}{\rho}}$$

$$Q = A\sqrt{\frac{2P}{\rho}} \text{ 에서}$$

$$Q \propto \sqrt{P}$$

$$Q = \sqrt{1.5} = 1.22 \text{배}$$

22 펌프의 일과 손실을 고려할 때 베르누이 수정방정식을 바르게 나타낸 것은?(단, H_P와 H_L은 펌프의 수두와 손실수두를 나타내며, 하첨자 1, 2는 각각 펌프의 전후 위치를 나타낸다)

[20년 1·2회]

① $\dfrac{V_1^2}{2g} + \dfrac{P_1}{\gamma} + z_1 = \dfrac{V_2^2}{2g} + \dfrac{P_2}{\gamma} + H_L$

② $\dfrac{V_1^2}{2g} + \dfrac{P_1}{\gamma} + z_1 + H_P = \dfrac{V_2^2}{2g} + \dfrac{P_2}{\gamma} + H_L$

③ $\dfrac{V_1^2}{2g} + \dfrac{P_1}{\gamma} + H_P = \dfrac{V_2^2}{2g} + \dfrac{P_2}{\gamma} + z_2 + H_L$

④ $\dfrac{V_1^2}{2g} + \dfrac{P_1}{\gamma} + z_1 + H_P = \dfrac{V_2^2}{2g} + \dfrac{P_2}{\gamma} + z_2 + H_L$

해설 베르누이 수정방정식

$$\dfrac{V_1^2}{2g} + \dfrac{P_1}{\gamma} + z_1 + H_P = \dfrac{V_2^2}{2g} + \dfrac{P_2}{\gamma} + z_2 + H_L$$

핵심 예제

23 두 개의 가벼운 공을 그림과 같이 실로 매달아 놓았다. 두 개의 공 사이로 공기를 불어 넣으면 공은 어떻게 되겠는가?

[19년 4회, 20년 3회]

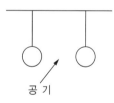

공 기

① 파스칼의 법칙에 따라 벌어진다.

② 파스칼의 법칙에 따라 가까워진다.

③ 베르누이의 법칙에 따라 벌어진다.

④ 베르누이의 법칙에 따라 가까워진다.

해설 베르누이 정리에서 압력, 속도, 위치수두의 합은 일정하므로 두 개의 공 사이에 속도가 증가하면 압력은 감소하여 두 개의 공은 가까워진다.

$$\dfrac{P}{\gamma} + \dfrac{u^2}{2g} + z = C(\text{일정})$$

$\dfrac{u^2}{2g}\uparrow,\ \dfrac{P}{\gamma}\downarrow$

압력이 낮아져서 공이 서로 가까워진다.

안심Touch

24 지면으로부터 4[m]의 높이에 설치된 수평관 내로 물이 4[m/s]로 흐르고 있다. 물의 압력이 78.4[kPa]인 관 내의 한 점에서 전수두는 지면을 기준으로 약 몇 [m]인가? [19년 1회]

① 4.76

② 6.24

③ 8.82

④ 12.81

해설 $P = 78.4[\text{kPa}] = 78.4[\text{kN/m}^2]$

전수두 $H = \dfrac{u^2}{2g} + \dfrac{P}{\gamma} + z = \dfrac{4^2}{2 \times 9.8} + \dfrac{78.4}{9.8} + 4 = 12.81[\text{m}]$

25 관 내에서 물이 평균속도 9.8[m/s]로 흐를 때의 속도수두는 약 몇 [m]인가? [18년 4회]

① 4.9

② 9.8

③ 48

④ 128

해설 속도수두(H)

$H = \dfrac{u^2}{2g} = \dfrac{(9.8[\text{m/s}])^2}{2 \times 9.8[\text{m/s}^2]} = 4.9[\text{m}]$

26 관 내 물의 속도가 12[m/s], 압력이 103[kPa]이다. 속도수두(H_V)와 압력수두(H_P)는 각각 약 몇 [m]인가? [17년 2회]

① $H_V = 7.35$, $H_P = 9.8$

② $H_V = 7.35$, $H_P = 10.5$

③ $H_V = 6.52$, $H_P = 9.8$

④ $H_V = 6.52$, $H_P = 10.5$

해설 수 두

• 속도수두 $= \dfrac{u^2}{2g} = \dfrac{(12[\text{m/s}])^2}{2 \times 9.8[\text{m/s}^2]} = 7.35[\text{m}]$

• 압력수두 $= \dfrac{P}{\gamma} = \dfrac{\dfrac{103[\text{kPa}]}{101.325[\text{kPa}]} \times 10,332[\text{kg}_\text{f}/\text{m}^2]}{1,000[\text{kg}_\text{f}/\text{m}^3]} = 10.51[\text{m}]$

27 비중이 0.877인 기름이 단면적이 변하는 원관을 흐르고 있으며 체적유량은 0.146[m³/s]이다. A점에서는 안지름이 150[mm], 압력이 91[kPa]이고, B점에서는 안지름이 450[mm], 압력이 60.3[kPa]이다. 또한 B점은 A점보다 3.66[m] 높은 곳에 위치한다. 기름이 A점에서 B점까지 흐르는 동안의 손실수두는 약 몇 [m]인가?(단, 물의 비중량은 9,810[N/m³]이다)

[19년 1회]

① 3.3　　　　　　　　　　② 7.2

③ 10.7　　　　　　　　　④ 14.1

해설 베르누이방정식을 적용하여 손실수두를 계산한다.

$$\frac{P_A}{\gamma} + \frac{u_A^2}{2g} + Z_A = \frac{P_B}{\gamma} + \frac{u_B^2}{2g} + Z_B + H_l$$

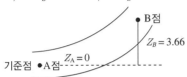

$$\frac{P_A}{\gamma} + \frac{u_A^2}{2g} + Z_A = \frac{P_B}{\gamma} + \frac{u_B^2}{2g} + Z_B + H_l$$

$$H_l = \frac{P_A}{\gamma} + \frac{u_A^2}{2g} + Z_A - \frac{P_B}{\gamma} - \frac{u_B^2}{2g} - Z_B$$

기름의 비중량 $\gamma = S\gamma_w = 0.877 \times 9,810[\text{N/m}^3]$

$\qquad\qquad\qquad\quad = 8,603.37[\text{N/m}^3]$

$$u_A = \frac{Q}{A_A} = \frac{0.146}{\frac{\pi}{4} \times (0.15)^2} = 8.262[\text{m/s}]$$

$$u_B = \frac{Q}{A_B} = \frac{0.146}{\frac{\pi}{4} \times (0.45)^2} = 0.918[\text{m/s}]$$

$$H_l = \frac{91 \times 10^3}{8,603.37} + \frac{8.262}{2 \times 9.8} + 0 - \frac{60.3 \times 10^3}{8,603.37} - \frac{(0.918)^2}{2 \times 9.8} - 3.66 = 3.34[\text{m}]$$

※ [Pa] = [N/m²]

28 관의 길이가 l이고 지름이 d, 관 마찰계수가 f일 때 총 손실수두 H[m]를 식으로 바르게 나타낸 것은?(단, 입구 손실계수가 0.5, 출구 손실계수가 1.0, 속도수두는 $V^2/2g$ 이다)

[20년 1·2회]

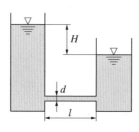

① $\left(1.5 + f\dfrac{l}{d}\right)\dfrac{V^2}{2g}$ 　　　② $\left(\dfrac{l}{d} + 1\right)\dfrac{V^2}{2g}$

③ $\left(0.5 + f\dfrac{l}{d}\right)\dfrac{V^2}{2g}$ 　　　④ $\left(f\dfrac{l}{d}\right)\dfrac{V^2}{2g}$

해설 　총 손실수두(H)

• 관입구에서 손실수두 $H_1 = 0.5\dfrac{V^2}{2g}$

• 관출구에서 손실수두 $H_2 = \dfrac{V^2}{2g}$

• 관 마찰에서 손실수두 $H_3 = f\dfrac{l}{d}\dfrac{V^2}{2g}$

∴ 총 손실수두 $H = H_1 + H_2 + H_3$

$$= 0.5\frac{V^2}{2g} + 1\frac{V^2}{2g} + f\frac{l}{d}\frac{V^2}{2g} = \left(1.5 + f\frac{l}{d}\right)\frac{V^2}{2g}$$

29 깊이 1[m]까지 물을 넣은 물탱크의 밑에 오리피스가 있다. 수면에 대기압이 작용할 때의 초기 오리피스에서의 유속 대비 2배 유속으로 물을 유출시키려면 수면에는 몇 [kPa]의 압력을 더 가하면 되는가?(단, 손실은 무시한다)

[18년 2회]

① 9.8 　　　　　② 19.6

③ 29.4 　　　　④ 39.2

해설 　$P = \gamma H,\ u_2 = 2u_1$

$u_1 = \sqrt{2gH} = \sqrt{2 \times 9.8 \times 1} = 4.43$[m/s]

$u_2 = 2 \times 4.43 = 8.86$[m/s]

$H_2 = \dfrac{u_2^2}{2g} = \dfrac{(8.86)^2}{2 \times 9.8} ≒ 4$[m]

$P = \gamma(H_2 - H_1)$

$= 9.8[\text{kN/m}^3] \times (4-1)[\text{m}] = 29.4[\text{kN/m}^2] = 29.4[\text{kPa}]$

30 그림과 같이 물탱크에서 2[m²]의 단면적을 가진 파이프를 통해 터빈으로 물이 공급되고 있다. 송출되는 터빈은 수면으로부터 30[m] 아래에 위치하고, 유량은 10[m³/s]이고 터빈 효율이 80[%]일 때 터빈 출력은 약 몇 [kW]인가?(단, 밴드나 밸브 등에 의한 부차적 손실계수는 2로 가정한다)

[17년 2회]

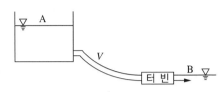

① 1,254

② 2,690

③ 2,052

④ 3,363

해설

전동기 $P[\text{kW}] = \dfrac{\gamma Q H}{102\eta}K$

발전기 $P[\text{kW}] = \dfrac{\gamma Q H}{102}K \times \eta$

$$P[\text{kW}] = \dfrac{1{,}000 \times 10 \times 26.173}{102} \times 0.8$$
$$= 2{,}052[\text{kW}]$$

$u = \dfrac{Q}{A}$

$\quad = \dfrac{10}{2} = 5[\text{m/s}]$

$h_l = K\dfrac{u^2}{2g}$

$\quad = 2 \times \dfrac{5^2}{2 \times 9.8} = 2.551[\text{m}]$

$\dfrac{P_1}{\gamma} + \dfrac{u_1^2}{2g} + Z_1 = \dfrac{P_2}{\gamma} + \dfrac{u_2^2}{2g} + h_l + Z_2 + H_T$

$0 + 0 + 30 = 0 + \dfrac{5^2}{2 \times 9.8} + 2.551 + 0 + H_T$

총 손실수두 $H_T = 30 - \dfrac{5^2}{2 \times 9.8} - 2.551$

$\quad\quad\quad = 26.173[\text{m}]$

31 그림과 같이 사이펀에 의해 용기 속의 물이 4.8[m³/min]로 방출된다면 전체 손실수두[m]는 얼마인가?(단, 관 내 마찰은 무시한다) [21년 1회]

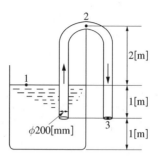

① 0.668

② 0.330

③ 1.043

④ 1.826

해설 수정 베르누이 방정식을 적용하면

$$\frac{u_1^2}{2g} + \frac{P_1}{\gamma} + Z_1 = \frac{u_3^2}{2g} + \frac{P_3}{\gamma} + Z_3 + H_{1\sim3}$$

여기서, $P_1 = P_3 = $ 대기압

$$u_1 = 0$$

$$Z_1 - Z_3 = 1.0[\text{m}]$$

$$u_3 = \frac{Q}{A} = \frac{4.8/60[\text{m}^3/\text{s}]}{\frac{\pi}{4}(0.2[\text{m}])^2} = 2.55[\text{m/s}]$$

∴ 손실수두 $H_{1\sim3} = Z_1 - Z_3 - \frac{u_3^2}{2g}$

$$= 1.0[\text{m}] - \frac{(2.55[\text{m/s}])^2}{2\times9.8[\text{m/s}^2]} = 0.668[\text{m}]$$

32 그림과 같이 폭(b)이 1[m]이고 깊이(h_0) 1[m]로 물이 들어있는 수조가 트럭 위에 실려 있다. 이 트럭이 7[m/s²]의 가속도로 달릴 때 물의 최대 높이(h_2)와 최소 높이(h_1)는 각각 몇 [m]인가?

[20년 3회]

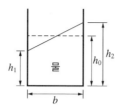

① $h_1 = 0.643$[m], $h_2 = 1.413$[m]

② $h_1 = 0.643$[m], $h_2 = 1.357$[m]

③ $h_1 = 0.676$[m], $h_2 = 1.413$[m]

④ $h_1 = 0.676$[m], $h_2 = 1.357$[m]

해설

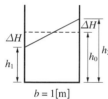

가속도 $a = 7$[m/s²]

높이차 $\Delta H = \dfrac{b \times a}{2g} = \dfrac{1 \times 7}{2 \times 9.8} = 0.357$[m]

최소 높이 $h_1 = h_0 - 0.357 = 0.643$[m]

최대 높이 $h_2 = h_0 + 0.357 = 1.357$[m]

33 출구 단면적이 0.02[m²]인 수평 노즐을 통하여 물이 수평방향으로 8[m/s]의 속도로 노즐 출구에 놓여있는 수직 평판에 분사될 때 평판에 작용하는 힘은 몇 [N]인가? [19년 2회]

① 800

② 1,280

③ 2,560

④ 12,544

해설

$F = \rho Q u = \dfrac{\gamma}{g} \cdot A u^2$

$= \dfrac{9,800}{9.8} \times 0.02 \times 8^2$

$= 1,280$[N]

여기서, $\gamma = \rho g$

$\rho = \dfrac{\gamma}{g}$

34 그림과 같이 스프링상수(Spring Constant)가 10[N/cm]인 4개의 스프링으로 평판 A를 벽 B에 그림과 같이 설치되어 있다. 이 평판에 유량 0.01[m³/s], 속도 10[m/s]인 물 제트가 평판 A의 중앙에 직각으로 출동할 때, 물 제트에 의해 평판과 벽 사이의 단축되는 거리는 약 몇 [cm]인가?

[18년 4회]

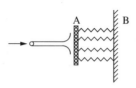

① 2.5

② 5

③ 10

④ 40

해설 $F = \rho Q u = nKL$

단축거리 $L = \dfrac{F}{k \times 개수} = \dfrac{\rho Q u}{k \times n}$

$$= \frac{1{,}000\left[\dfrac{\text{N} \cdot \text{s}^2}{\text{m}^4}\right] \times 0.01\left[\dfrac{\text{m}^3}{\text{s}}\right] \times 10\left[\dfrac{\text{m}}{\text{s}}\right]}{10\left[\dfrac{\text{N}}{\text{cm}^2}\right] \times 4}$$

$= 2.5[\text{cm}]$

※ $\rho = 1{,}000[\text{kg/m}^3] = 1{,}000[\text{N} \cdot \text{s}^2/\text{m}^4] = 102[\text{kg}_f \cdot \text{s}^2/\text{m}^4]$

$F = ma$

$[\text{N}] = [\text{kg} \cdot \text{m/s}^2]$

$[\text{kg}] = [\text{N} \cdot \text{s}^2/\text{m}]$

35 그림과 같이 수직평판에 속도 2[m/s]로 단면적이 0.01[m²]인 물 제트가 수직으로 세워진 벽면에 충돌하고 있다. 벽면의 오른쪽에서 물 제트를 왼쪽 방향으로 쏘아 벽면의 평형을 이루게 하려면 물 제트의 속도를 약 몇 [m/s]로 해야 하는가?(단, 오른쪽에서 쏘는 물 제트의 단면적은 0.005[m²]이다) [18년 1회]

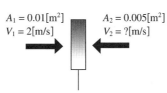

$A_1 = 0.01[\text{m}^2]$
$V_1 = 2[\text{m/s}]$
$A_2 = 0.005[\text{m}^2]$
$V_2 = ?[\text{m/s}]$

① 1.42   ② 2.00

③ 2.83   ④ 4.00

해설   물 제트의 속도
- 운동량방정식 힘 $F = \rho Qu = \rho Au^2$ 에서 수직평판에 작용하는 $F_1 = F_2$ 이므로 $\rho A_1 u_1^2 = \rho A_2 u_2^2$ 이다.
- 물 제트의 속도

$$u_2 = \sqrt{\frac{A_1}{A_2}} \times u_1 = \sqrt{\frac{0.01[\text{m}^2]}{0.005[\text{m}^2]}} \times 2[\text{m/s}]$$
$$= 2.83[\text{m/s}]$$

핵심
예제

36 출구단면적이 0.0004[m²]인 소방호스로부터 25[m/s]의 속도로 수평으로 분출되는 물제트가 수직으로 세워진 평판과 충돌한다. 평판을 고정시키기 위한 힘(F)은 몇 [N]인가? [20년 3회]

$\leftarrow F$

① 150   ② 200

③ 250   ④ 300

해설 $F = \rho Qu = \rho Au^2$
$$= 1,000 \times 0.0004 \times (25)^2$$
$$= 250[\text{N}]$$

37 지름이 5[cm]인 소방 노즐에서 물 제트가 40[m/s]의 속도로 건물 벽에 수직으로 충돌하고 있다. 벽이 받는 힘은 약 몇 [N]인가? [17년 4회]

① 1,204

② 2,253

③ 2,570

④ 3,141

해설 $\rho = 1,000[\text{kg/m}^3] = 1,000[\text{N} \cdot \text{s}^2/\text{m}^4] = 102[\text{kg}_f \cdot \text{s}^2/\text{m}^4]$

$F = \rho Q u = \rho A u^2$

$\quad = 1,000\left[\dfrac{\text{N} \cdot \text{s}^2}{\text{m}^4}\right] \times \dfrac{\pi}{4} \times (0.05)^2[\text{m}^2] \times (40[\text{m/s}])^2$

$\quad = 3,141.6[\text{N}]$

핵심
예제

38 노즐에서 분사되는 물의 속도가 $V = 12[\text{m/s}]$이고, 분류에 수직인 평판은 속도 $u = 4[\text{m/s}]$로 움직일 때, 평판이 받는 힘은 약 몇 [N]인가?(단, 노즐(분류)의 단면적은 0.01[m²]이다) [17년 2회]

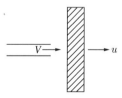

① 640

② 960

③ 1,280

④ 1,440

해설 평판이 받는 힘

$F = Q\rho\Delta V$

여기서, Q(유량) $= A(V-u)$

$\qquad\qquad = 0.01 \times (12-4)$

$\qquad\qquad = 0.08[\text{m}^3/\text{s}]$

$\qquad \rho$(밀도) $= 1,000[\text{N} \cdot \text{s}^2/\text{m}^4]$

$\therefore\ F = Q\rho\Delta V$

$\qquad = 0.08[\text{m}^3/\text{s}] \times 1,000[\text{N} \cdot \text{s}^2/\text{m}^4] \times (12-4)[\text{m/s}]$

$\qquad = 640[\text{N}]$

39 그림과 같이 중앙부분에 구멍이 뚫린 원판에 지름 D의 원형 물 제트가 대기압 상태에서 V의 속도로 충돌하여, 원판 뒤로 지름 $D/2$의 원형 물 제트가 V의 속도로 흘러나가고 있을 때, 이 원판이 받는 힘은 얼마인가?(단, ρ는 물의 밀도이다) [18년 2회, 21년 2회]

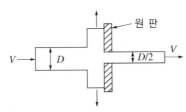

① $\dfrac{3}{16}\rho\pi V^2 D^2$

② $\dfrac{3}{8}\rho\pi V^2 D^2$

③ $\dfrac{3}{4}\rho\pi V^2 D^2$

④ $3\rho\pi V^2 D^2$

해설 $F = \rho Q V = \rho A V^2$

A = 큰 면적 - 작은 면적

$$= \frac{\pi D^2}{4} - \frac{\pi\left(\dfrac{D}{2}\right)^2}{4} = \frac{\pi}{4}\left\{D^2 - \left(\dfrac{D}{2}\right)^2\right\}$$

$$F = \frac{\rho V^2\pi\left\{D^2 - \left(\dfrac{D}{2}\right)^2\right\}}{4} = \frac{\rho V^2\pi\left(\dfrac{4}{4}D^2 - \dfrac{1}{4}D^2\right)}{4} = \frac{\rho V^2\pi\dfrac{3}{4}D^2}{4}$$

$$= \frac{3}{16}\rho\pi V^2 D^2$$

40 그림과 같이 60°로 기울어진 고정된 평판에 직경 50[mm]의 물 분류가 속도(V) 20[m/s]로 충돌하고 있다. 분류가 충돌할 때 판에 수직으로 작용하는 충격력 R[N]은? [21년 1회]

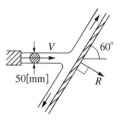

① 296

② 393

③ 680

④ 785

해설 운동량 방정식을 이용하면

$$\sum F_y = Q\rho(U_{y2} - U_{y1}) = Au\rho(U_{y2} - U_{y1}) - F$$

$$= \left[\frac{\pi}{4} \times (0.05\text{m})^2 \times 20[\text{m/s}] \right] \times 1,000[\text{N} \cdot \text{s}^2/\text{m}^4] \times [(0-20)[\text{m/s}]\sin 60]$$

$$\therefore F = 680.2[\text{N}]$$

41 지름 10[cm]의 호스에 출구 지름이 3[cm]인 노즐이 부착되어 있고 1,500[L/min]의 물이 대기 중으로 뿜어져 나온다. 이때 4개의 플랜지 볼트를 사용하여 노즐을 호스에 부착하고 있다면 볼트 1개에 작용되는 힘의 크기[N]는?(단, 유동에서 마찰이 존재하지 않는다고 가정한다)

[20년 1·2회]

① 58.3

② 899.4

③ 1,018.4

④ 4,098.2

해설

$$F = (F_1 - F_2) \times \frac{1}{4}$$

$$F_1 = PA = \gamma HA = \gamma \left(\frac{u_2^2 - u_1^2}{2g} \right) \cdot A$$

$$u_1 = \frac{Q}{A_1}$$

$$= \frac{1.5/60}{\frac{\pi}{4} \times 0.1^2} = 3.18[\text{m/s}]$$

$$u_2 = \frac{Q}{A_2}$$

$$= \frac{1.5/60}{\frac{\pi}{4} \times 0.03^2} = 35.37[\text{m/s}]$$

$$F_1 = 9,800[\text{N/m}^3] \times \left[\frac{(35.37)^2 - (3.18)^2}{2 \times 9.8} \right] [\text{m}] \times \frac{\pi}{4} \times (0.1)^2 [\text{m}^2]$$

$$= 4,873.099[\text{N}]$$

$$F_2 = \rho Q u = \rho Q (u_2 - u_1)$$

$$= 1,000 \left[\frac{\text{N} \cdot \text{s}^2}{\text{m}^4} \right] \times \frac{1.5[\text{m}^3]}{60[\text{s}]} \times (35.37 - 3.18)[\text{m/s}]$$

$$= 804.75[\text{N}]$$

$$F = (4,873.099 - 804.75) \times \frac{1}{4}$$

$$= 1,017.087[\text{N}]$$

42 그림에서 물 탱크차가 받는 추력은 약 몇 [N]인가?(단, 노즐의 단면적은 0.03[m²]이며 탱크 내의 계기압력은 40[kPa]이다. 또한 노즐에서 마찰손실은 무시한다) [19년 1회]

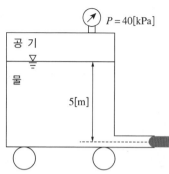

$P = 40[kPa]$

공 기

물

5[m]

① 812

② 1,489

③ 2,709

④ 5,340

해설

$$F = \rho Q u = \rho A u^2$$

$$u = \sqrt{2gH} = \sqrt{2g(h_1 + h_2)} = \sqrt{2 \times 9.8 \left(5 + \frac{40}{101.325} \times 10.332\right)} = 13.34[m/s]$$

$$F = 1,000 \times 0.03 \times (13.34)^2 = 5,338.67[N]$$

핵심 예제

43 무한한 두 평판 사이에 유체가 채워져 있고 한 평판은 정지해 있고 또 다른 평판은 일정한 속도로 움직이는 Couette 유동을 하고 있다. 유체 A만 채워져 있을 때 평판을 움직이기 위한 단위면적당 힘을 τ_1이라 하고 같은 평판 사이에 점성을 다른 유체 B만 채워져 있을 때 필요한 힘을 τ_2라 하면 유체 A와 B가 반반씩 위아래로 채워져 있을 때 평판을 같은 속도로 움직이기 위한 단위면적당 힘에 대한 표현으로 옳은 것은? [18년 2회, 21년 2회]

① $\dfrac{\tau_1 + \tau_2}{2}$

② $\sqrt{\tau_1 \tau_2}$

③ $\dfrac{2\tau_1 \tau_2}{\tau_1 + \tau_2}$

④ $\tau_1 + \tau_2$

해설 단위면적당 힘 $F = \dfrac{2\tau_1 \tau_2}{\tau_1 + \tau_2}$

44 비중이 0.95인 액체가 흐르는 곳에 그림과 같이 피토 튜브를 직각으로 설치하였을 때 h가 150[mm], H가 30[mm]로 나타났다면 점 1 위치에서의 유속[m/s]은? [20년 4회]

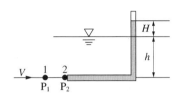

① 0.8　　　　　　　　　　　　② 1.6

③ 3.2　　　　　　　　　　　　④ 4.2

해설　피토 튜브의 유속(u)
$$u = \sqrt{2gH}[\text{m/s}]$$
$$= \sqrt{2 \times 9.8[\text{m/s}^2] \times 0.03[\text{m}]} = 0.77[\text{m/s}]$$

45 대기 중으로 방사되는 물 제트에 피토관의 흡입구를 갖다 대었을 때, 피토관의 수직부에 나타나는 수주의 높이가 0.6[m]라고 하면 물 제트의 유속은 약 몇 [m/s]인가?(단, 모든 손실은 무시한다) [17년 4회]

① 0.25　　　　　　　　　　　　② 1.55

③ 2.75　　　　　　　　　　　　④ 3.43

해설　유 속
$$u = \sqrt{2gH}$$
여기서, u : 유속
　　　　g : 중력가속도
　　　　H : 수주의 높이
$$\therefore \ u = \sqrt{2gH} = \sqrt{2 \times 9.8[\text{m/s}^2] \times 0.6[\text{m}]}$$
$$= 3.43[\text{m/s}]$$

46 피토관으로 파이프 중심선에서 흐르는 물의 유속을 측정할 때 피토관의 액주높이가 5.2[m], 정압튜브의 액주높이가 4.2[m]를 나타낸다면 유속[m/s]은?(단, 속도계수(C_v)는 0.97이다)

[19년 4회]

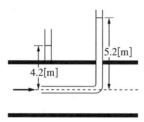

① 4.3 　　　　　　　　 ② 3.5

③ 2.8 　　　　　　　　 ④ 1.9

해설 유 속

$$u = c\sqrt{2gH}$$
$$= 0.97 \times \sqrt{2 \times 9.8[\text{m/s}^2] \times (5.2-4.2)[\text{m}]} = 4.29[\text{m/s}]$$

**핵심
예제**

47 물탱크에 담긴 물의 수면의 높이가 10[m]인데, 물탱크 바닥에 원형 구멍이 생겨서 10[L/s]만큼 물이 유출되고 있다. 원형 구멍의 지름은 약 몇 [cm]인가?(단, 구멍의 유량보정계수는 0.6이다)

[18년 2회]

① 2.7 　　　　　　　　 ② 3.1

③ 3.5 　　　　　　　　 ④ 3.9

해설 원형 구멍의 지름
- 유 속

$$u = c\sqrt{2gH}$$
$$= 0.6 \times \sqrt{2 \times 9.8[\text{m/s}^2] \times 10[\text{m}]} = 8.4[\text{m/s}]$$

- 지 름

$$Q = uA = u \times \frac{\pi}{4}D^2, \quad D = \sqrt{\frac{4Q}{u\pi}}$$

$$D = \sqrt{\frac{4Q}{u\pi}} = \sqrt{\frac{4 \times 0.01[\text{m}^3/\text{s}]}{8.4[\text{m/s}] \times \pi}}$$
$$= 0.0389[\text{m}] = 3.89[\text{cm}]$$

48 그림과 같이 수조의 밑부분에 구멍을 뚫고 물을 유량 Q로 방출시키고 있다. 손실을 무시할 때 수위가 처음 높이의 1/2로 되었을 때 방출되는 유량은 어떻게 되는가? [17년 4회, 20년 4회]

① $\dfrac{1}{\sqrt{2}}Q$　　　　　　　　② $\dfrac{1}{2}Q$

③ $\dfrac{1}{\sqrt{3}}Q$　　　　　　　　④ $\dfrac{1}{3}Q$

해설

유속 $u = \sqrt{2gh}$ 에서 방출유속 $u_2 = \sqrt{2g\left(\dfrac{1}{2}h\right)}$ 이다.

유량 $Q = Au = A\sqrt{2gh}$ 에서 방출유량

$Q_2 = A\sqrt{2g\left(\dfrac{1}{2}h\right)} = \dfrac{1}{\sqrt{2}}Q$ 이다.

※ $Q = Au = A\sqrt{2gh}$

$\quad Q \propto \sqrt{h} = \sqrt{\dfrac{1}{2}h}$

$\quad Q \propto \dfrac{1}{\sqrt{2}}$

49 물이 들어 있는 탱크에 수면으로부터 20[m] 깊이에 지름 50[mm]의 오리피스가 있다. 이 오리피스에서 흘러나오는 유량[m³/min]은?(단, 탱크의 수면 높이는 일정하고 모든 손실은 무시한다) [21년 2회]

① 1.3　　　　　　　　② 2.3

③ 3.3　　　　　　　　④ 4.3

해설

$u = \sqrt{2gH}$

$Q = Au = A\sqrt{2gH}$

$\quad = \dfrac{\pi}{4} \times (0.05)^2 \times \sqrt{2 \times 9.8 \times 20}$

$\quad = 0.0388[\text{m}^3/\text{s}] \times \dfrac{60[\text{s}]}{1[\text{min}]}$

$\quad = 2.33[\text{m}^3/\text{min}]$

50 지름이 다른 두 개의 피스톤이 그림과 같이 연결되어 있다. "1"부분의 피스톤의 지름이 "2"부분의 2배일 때 각 피스톤에 작용하는 힘 F_1과 F_2의 크기의 관계는? [19년 4회]

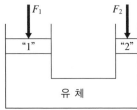

① $F_1 = F_2$　　　　　　　　　② $F_1 = 2F_2$

③ $F_1 = 4F_2$　　　　　　　　　④ $4F_1 = F_2$

해설 파스칼의 원리에서 피스톤 1의 지름 A_1, 피스톤 2의 지름 A_2라 하면

$$\frac{F_1}{A_1} = \frac{F_2}{A_2}$$

$$\frac{F_1}{F_2} = \frac{A_1}{A_2} = \frac{\frac{\pi}{4}(D_1)^2}{\frac{\pi}{4}(D_2)^2} = \frac{D_1^2}{D_2^2} = \left(\frac{2}{1}\right)^2 = 4$$

$$\therefore \ F_1 = 4F_2$$

핵심 예제

51 피스톤 A_2의 반지름이 A_1의 반지름의 2배이며 A_1과 A_2에 작용하는 압력을 각각 P_1, P_2라 하면 두 피스톤이 같은 높이에서 평형상태일 때 P_1과 P_2 사이의 관계는? [17년 4회]

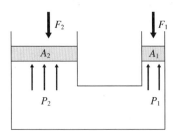

① $P_1 = 2P_2$　　　　　　　　　② $P_2 = 4P_1$

③ $P_1 = P_2$　　　　　　　　　④ $P_2 = 2P_1$

해설 P_1, P_2라 하면 평형상태일 때 $P_1 = P_2$

52 그림과 같이 피스톤의 지름이 각각 25[cm]와 5[cm]이다. 작은 피스톤을 화살표 방향으로 20[cm]만큼 움직일 경우 큰 피스톤이 움직이는 거리는 약 몇 [mm]인가?(단, 누설은 없고 비압축성이라고 가정한다) [19년 1회]

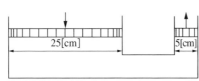

① 2

② 4

③ 8

④ 10

해설

$$P = \frac{F}{A}$$

$$F = PA = \gamma HA = \gamma V$$

γ 동일

$V = Al$에서 $A_1 l_1 = A_2 l_2$

$$l_1 = \frac{A_2}{A_1} l_2 = \frac{\frac{\pi}{4} \times (5)^2}{\frac{\pi}{4} \times (25)^2} \times 20$$

$$= 0.8[cm] = 8[mm]$$

핵심
예제

53 그림에서 두 피스톤의 지름이 각각 30[cm]와 5[cm]이다. 큰 피스톤이 1[cm] 아래로 움직이면 작은 피스톤은 위로 몇 [cm] 움직이는가? [17년 2회, 21년 1회]

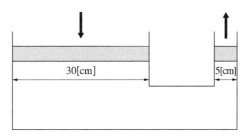

① 1[cm]

② 5[cm]

③ 30[cm]

④ 36[cm]

해설 $V_1 = V_2$ $A_1 h_1 = A_2 h_2$

$$\frac{\pi}{4} \times (30[cm])^2 \times 1[cm] = \frac{\pi}{4} \times (5[cm])^2 \times h_2$$

$$h_2 = 36[cm]$$

54 피스톤의 지름이 각각 10[mm], 50[mm]인 두 개의 유압장치가 있다. 두 피스톤에 안에 작용하는 압력은 동일하고, 큰 피스톤이 1,000[N]의 힘을 발생시킨다고 할 때 작은 피스톤에서 발생시키는 힘은 약 몇 [N]인가?

[18년 4회]

① 40

② 400

③ 25,000

④ 245,000

해설 Pascal의 원리에서 피스톤 A_1의 반지름을 r_1, 피스톤 A_2의 반지름을 r_2라 하면

$$\frac{F_1}{A_1} = \frac{F_2}{A_2}, \; \frac{F_1}{\pi(5)^2} = \frac{1,000[\text{N}]}{\pi(25)^2}$$

$$\therefore \; F_1 = 40[\text{N}]$$

**핵심
예제**

55 수압기에서 피스톤의 반지름이 각각 20[cm]와 10[cm]이다. 작은 피스톤에 19.6[N]의 힘을 가하는 경우 평형을 이루기 위해 큰 피스톤에는 몇 [N]의 하중을 가하여야 하는가?

[21년 2회]

① 4.9

② 9.8

③ 68.4

④ 78.4

해설 $$P = \frac{F}{A}$$

$$P_1 = P_2$$

$$\frac{F_1}{A_1} = \frac{F_2}{A_2}$$

$$\frac{F_1}{\frac{\pi \times (0.2)^2}{4}} = \frac{19.6}{\frac{\pi \times (0.1)^2}{4}}$$

$$F_2 = 78.4[\text{N}]$$

56 단면적 A와 $2A$인 U자관에 밀도가 d인 기름이 담겨져 있다. 단면적이 $2A$인 관에 관 벽과는 마찰이 없는 물체를 놓았더니 그림과 같이 평형을 이루었다. 이때 이 물체의 질량은?

[19년 2회]

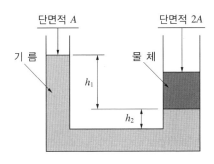

① $2Ah_1d$

② Ah_1d

③ $A(h_1 + h_2)d$

④ $A(h_1 - h_2)d$

해설

$P_1 = P_2$

$\dfrac{F_1}{A_1} = \dfrac{F_2}{A_2}$

$F_2 = \dfrac{A_2}{A_1}F_1 = \dfrac{2A}{A}F_1$

$F_2 = 2F_1$

$= 2\rho h_1 A$ (밀도 $\rho = d$)

$= 2dh_1A$

57 액체 분자들 사이의 응집력과 고체면에 대한 부착력의 차이에 의하여 관 내 액체표면과 자유표면 사이에 높이 차이가 나타나는 것과 가장 관계가 깊은 것은?

[21년 1회]

① 관성력

② 점 성

③ 뉴턴의 마찰법칙

④ 모세관현상

해설 모세관현상 : 액체 속에 가는 관(모세관)을 넣으면 액체가 관을 따라 상승, 하강하는 현상. 응집력이 부착력보다 크면 액면이 내려가고, 부착력이 응집력보다 크면 액면이 올라간다.

58 모세관현상에 있어서 물이 모세관을 따라 올라가는 높이에 대한 설명으로 옳은 것은?

[18년 4회]

① 표면장력이 클수록 높이 올라간다.
② 관의 지름이 클수록 높이 올라간다.
③ 밀도가 클수록 높이 올라간다.
④ 중력의 크기와는 무관한다.

해설 모세관현상

높이 $h = \dfrac{\Delta P}{\gamma} = \dfrac{4\sigma\cos\theta}{\gamma d}$

여기서, σ : 표면장력[N/m] θ : 접촉각
        γ : 물의 비중량(9,800[N/m^3]) d : 내경
∴ 높이는 표면장력이 클수록, 관의 지름이 작을수록 높이 올라간다.

59 그림과 같이 매끄러운 유리관에 물이 채워져 있을 때 모세관 상승높이 h는 약 몇 [m]인가?

[17년 1회]

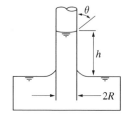

[조 건]

• 액체의 표면장력 $\sigma = 0.073$[N/m]
• $R = 1$[mm]
• 매끄러운 유리관의 접촉각 $\theta \approx 0°$

① 0.007   ② 0.015
③ 0.07   ④ 0.15

해설 상승높이(h)

$h = \dfrac{4\sigma\cos\theta}{\gamma d}$

여기서, σ : 표면장력[N/m] θ : 각도
        γ : 비중량(9,800[N/m^3]) d : 직경[m]
∴ $h = \dfrac{4 \times 0.073[\text{N/m}] \times \cos 0}{9,800 \times 0.002[\text{m}]} = 0.0149[\text{m}]$

60 어떤 기체를 20[℃]에서 등온압축하여 절대압력이 0.2[MPa]에서 1[MPa]으로 변할 때 체적은 초기 체적과 비교하여 어떻게 변화하는가? [20년 3회]

① 5배로 증가한다.

② 10배로 증가한다.

③ $\frac{1}{5}$ 로 감소한다.

④ $\frac{1}{10}$ 로 감소한다.

해설 등온압축

$$P_1 V_1 = P_2 V_2$$

$$V_2 = \frac{P_1}{P_2} V_1$$

$$= \frac{0.2}{1} \times V_1$$

$$= \frac{1}{5} V_1$$

**핵심
예제**

61 30[℃]에서 부피가 10[L]인 이상기체를 일정한 압력으로 0[℃]로 냉각시키면 부피는 약 몇 [L]로 변하는가? [19년 1회]

① 3

② 9

③ 12

④ 18

해설

$$\frac{V_1}{T_1} = \frac{V_2}{T_2}$$

$$V_2 = \frac{T_2}{T_1} V_1$$

$$= \frac{273 + 0}{273 + 30} \times 10$$

$$= 9[L]$$

62 압력의 변화가 없을 경우 0[℃]의 이상기체는 약 몇 [℃]가 되면 부피가 2배로 되는가?

[17년 2회]

① 273[℃]

② 373[℃]

③ 546[℃]

④ 646[℃]

해설　$\dfrac{V_1}{T_1} = \dfrac{V_2}{T_2}$

$T_2 = T_1 \times \dfrac{V_2}{V_1}$

$\quad = 273 \times \dfrac{2}{1} = 546[K]$

$[℃] = [K] - 273$

$\quad = 546 - 273 = 273[℃]$

**핵심
예제**

63 이상기체의 폴리트로픽 변화 'PV^n = 일정'에서 $n = 1$인 경우 어느 변화에 속하는가?(단, P는 압력, V는 부피, n은 폴리트로프지수를 나타낸다)

[19년 4회]

① 단열변화

② 등온변화

③ 정적변화

④ 정압변화

해설　폴리트로픽 변화

$PV^n =$ 정수(C)

• $n = 0$이면 정압변화

• $n = 1$이면 등온변화

• $n = k$이면 단열변화

• $n = \infty$이면 정적변화

64 비열에 대한 다음 설명 중 틀린 것은? [18년 1회]

① 정적비열은 체적이 일정하게 유지되는 동안 온도변화에 대한 내부에너지의 변화율이다.

② 정압비열을 정적비열로 나눈 것이 비열비이다.

③ 정압비열은 압력이 일정하게 유지될 때 온도변화에 대한 엔탈피 변화율이다.

④ 비열비는 일반적으로 1보다 크나 1보다 작은 물질도 있다.

> **해설**
>
> 비열비 $k = \dfrac{\text{정압비열 } C_P}{\text{정적비열 } C_V} > 1$

65 어떤 용기 내의 이산화탄소 45[kg]이 방호공간에 가스 상태로 방출되고 있다. 방출온도와 압력이 15[℃], 101[kPa]일 때 방출가스의 체적은 약 몇 [m³]인가?(단, 일반기체상수는 8,314[J/kmol·K]이다) [19년 2회]

① 2.2   ② 12.2

③ 20.2   ④ 24.3

> **해설**
>
> 이상기체상태방정식을 적용하면
>
> $PV = \dfrac{W}{M}RT, \quad V = \dfrac{W}{PM}RT$
>
> 여기서, P : 압력(101[kPa] = 101[kN/m²])
>
> V : 부피[m³]
>
> W : 무게(45[kg])
>
> M : 분자량(CO_2 = 44)
>
> R : 기체상수(8,314[J/kmol·K] = 8.314[kJ/kmol·K] = 8.314[kN·m/kmol·K])
>
> T : 절대온도(273 + 15[℃] = 288[K])
>
> $\therefore V = \dfrac{W}{PM}RT$
>
> $= \dfrac{45[\text{kg}]}{101[\text{kPa}] \times 44} \times 8.314[\text{kJ/kmol·K}] \times (273 + 15)[\text{K}]$
>
> $\approx 24.25[\text{m}^3]$
>
> $$\dfrac{[\text{kg}]}{\dfrac{[\text{kPa}]}{1} \times \dfrac{[\text{kg}]}{[\text{kg} - \text{mol}]}} = \dfrac{[\text{kg} - \text{mol}]}{[\text{kPa}]},$$
>
> $$\dfrac{[\text{kg} - \text{mol}]}{[\text{kPa}]} \times \dfrac{[\text{kJ}]}{[\text{kg} - \text{mol} \cdot \text{K}]} \times [\text{K}] = \dfrac{[\text{kN} \cdot \text{m}]}{[\text{kN/m}^2]} = [\text{m}^3]$$

66 초기에 비어 있는 체적이 0.1[m³]인 견고한 용기 안에 공기(이상기체)를 서서히 주입한다. 공기 1[kg]을 넣었을 때 용기 안의 온도가 300[K]가 되었다면 이때 용기 안의 압력[kPa]은?(단, 공기의 기체상수는 0.287[kJ/kg · K]이다) [19년 4회]

① 287

② 300

③ 448

④ 861

해설 용기의 압력

$$P = \frac{WRT}{V}$$

여기서, P : 압력[kPa]

$\quad\quad W$: 무게(1[kg])

$\quad\quad R$: 기체상수(0.287[kJ/kg · K])

$\quad\quad T$: 절대온도(300[K])

$\quad\quad V$: 체적(0.1[m³])

$\therefore \ P = \dfrac{WRT}{V}$

$\quad\quad = \dfrac{1[\mathrm{kg}] \times 0.287[\mathrm{kJ/kg \cdot K}] \times 300[\mathrm{K}]}{0.1[\mathrm{m^3}]}$

$\quad\quad = 861[\mathrm{kPa}]$

- $P = \dfrac{WRT}{V} = [\dfrac{\mathrm{kg} \times \dfrac{\mathrm{kN \cdot m}}{\mathrm{kg \cdot K}} \times \mathrm{K}}{\mathrm{m^3}}] = [\mathrm{kN/m^2}] = [\mathrm{kPa}]$

- $[\mathrm{J}] = [\mathrm{N \cdot m}], \ [\mathrm{kJ}] = [\mathrm{kN \cdot m}]$

핵심
예제

67 체적 2,000[L]의 용기 내에서 압력 0.4[MPa], 온도 55[℃]의 혼합기체의 체적비가 각각 메탄(CH_4) 35[%], 수소(H_2) 40[%], 질소(N_2) 25[%]이다. 이 혼합 기체의 질량은 약 몇 [kg]인가?(단, 일반기체상수는 8.314[kJ/kmol·K]이다)

[17년 2회]

① 3.11
② 3.53
③ 3.93
④ 4.52

해설 이상기체상태 방정식

$$PV = \frac{W}{M}RT$$

여기서, P(압력) = 0.4 × 1,000[kPa]

V(부피) = 2,000[L] = 2[m³]

W(무게[kg])

M(평균분자량) = 분자량 × 농도

= (16 × 0.35) + (2 × 0.4) + (28 × 0.25)

= 13.4

[분자량]		
• CH_4 : 16	• H_2 : 2	• N_2 : 28

R(기체상수) = 8.314[kJ]/[kg-mol·K]

T(절대온도) = 273 + [℃]

= 273 + 55

= 328[K]

$$\therefore\ W = \frac{PVM}{RT} = \frac{(0.4 \times 1,000) \times 2 \times 13.4}{8.314 \times 328}$$

= 3.93[kg]

※ [J] = [N·m]   [kJ] = [kN·m]

68 공기 10[kg]과 수증기 1[kg]이 혼합되어 10[m³]의 용기 안에 들어있다. 이 혼합 기체의 온도가 60[℃]라면, 이 혼합기체의 압력은 약 몇 [kPa]인가?(단, 수증기 및 공기의 기체상수는 각각 0.462 및 0.287[kJ/kg·K]이고 수증기는 모두 기체 상태이다) [17년 1회]

① 95.6

② 111

③ 126

④ 145

> **해설** 혼합기체의 압력
>
> $P = P_1 + P_2$
>
> $= \dfrac{W_1 R_1 T}{V} + \dfrac{W_2 R_2 T}{V}$
>
> $= \dfrac{10[\text{kg}] \times 0.287[\text{kJ/kg} \cdot \text{K}] \times 333[\text{K}]}{10[\text{m}^3]} + \dfrac{1[\text{kg}] \times 0.462[\text{kJ/kg} \cdot \text{K}] \times 333[\text{K}]}{10[\text{m}^3]}$
>
> $= 110.96[\text{kJ/m}^3] = 111[\text{kN/m}^2] = 111[\text{kPa}]$
>
> | $\dfrac{[\text{kJ}]}{[\text{m}^3]} = \dfrac{[\text{kN} \cdot \text{m}]}{[\text{m}^3]} = \dfrac{[\text{kN}]}{[\text{m}^2]} = [\text{kPa}]$ |
> | --- |

**핵심
예제**

69 압력이 100[kPa]이고 온도가 20[℃]인 이산화탄소를 완전기체라고 가정할 때 밀도[kg/m³]는?(단, 이산화탄소의 기체상수는 188.98[J/kg·K]이다) [20년 1·2회]

① 1.1

② 1.8

③ 2.56

④ 3.8

> **해설** 완전기체일 때 밀도$\left(\dfrac{W}{V} = \rho \right)$
>
> $PV = WRT, \quad P = \dfrac{W}{V} RT \qquad \rho = \dfrac{P}{RT}$
>
> $\therefore \ \rho = \dfrac{P}{RT} = \dfrac{100 \times 1,000[\text{Pa}]}{188.98[\text{J/kg} \cdot \text{K}] \times (273 + 20)[\text{K}]}$
>
> $= \dfrac{100,000[\text{N/m}^2]}{188.98[\text{N} \cdot \text{m/kg} \cdot \text{K}] \times 293[\text{K}]}$
>
> $= 1.8[\text{kg/m}^3]$
>
> ※ $[\text{Pa}] = [\text{N/m}^2] \qquad [\text{J}] = [\text{N} \cdot \text{m}]$

70 부피가 0.3[m³]으로 일정한 용기 내의 공기가 원래 300[kPa](절대압력), 400[K]의 상태였으나, 일정 시간 동안 출구가 개방되어 공기가 빠져나가 200[kPa](절대압력), 350[K]의 상태가 되었다. 빠져나간 공기의 질량은 약 몇 [g]인가?(단, 공기는 이상기체로 가정하며 기체상수는 287[J/kg·K]이다)

[18년 1회]

① 74   ② 187

③ 295   ④ 388

해설 ① 초기질량(공기 빠지기 전)

$PV = WRT$

$$W_1 = \frac{P_1 V}{RT_1} = \frac{300 \times 0.3}{0.287 \times 400} = 0.784[\text{kg}] = 784[\text{g}]$$

② 나중질량(공기 빠진 후)

$$W_2 = \frac{P_2 V}{RT_2} = \frac{200 \times 0.3}{0.287 \times 350} = 0.597[\text{kg}] = 597[\text{g}]$$

$$\Delta W = W_1 - W_2 = 784 - 597 = 187[\text{g}]$$

71 질량이 5[kg]인 공기(이상기체)가 온도 333[K]로 일정하게 유지되면서 체적이 10배가 되었다. 이 계(System)가 한 일[kJ]은?(단, 공기의 기체상수는 287[J/kg·K]이다) [21년 2회]

① 220   ② 478

③ 1,100   ④ 4,779

해설 일 = 압력 × 부피

$$W = P_1 V_1 \ln\left(\frac{V_2}{V_1}\right) = 477,855[\text{Pa}] \times 1[\text{m}^3] \times \ln\left(\frac{10}{1}\right)$$

$$= 1,100,301.8[\text{J}] \times 10^{-3} \fallingdotseq 1,100[\text{kJ}]$$

$PV = WRT$

$$P \times 1[\text{m}^3] = 5[\text{kg}] \times 287\frac{[\text{J}]}{[\text{kg} \cdot \text{K}]} \times 333[\text{K}]$$

$$P = 477,855[\text{Pa}]$$

72 어떤 밀폐계가 압력 200[kPa], 체적 0.1[m³]인 상태에서 100[kPa], 0.3[m³]인 상태까지 가역적으로 팽창하였다. 이 과정이 $P-V$ 선도에서 직선으로 표시된다면 이 과정 동안에 계가 한 일[kJ]은?

[20년 4회]

① 20 　　　　　　　　② 30

③ 45 　　　　　　　　④ 60

해설 일(W)

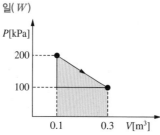

$P-V$ 선도에서 음영 부분의 면적을 계산하면 계가 한 일이다.

$W = \dfrac{1}{2}(P_1 - P_2)(V_2 - V_1) + P_2(V_2 - V_1)$에서

$W = \dfrac{1}{2} \times (200-100)[\text{kPa}] \times (0.3-0.1)[\text{m}^3] + 100[\text{kPa}](0.3-0.1)[\text{m}^3]$

$= 30[\text{kJ}]$

핵심
예제

73 체적 0.1[m³]의 밀폐 용기 안에 기체상수가 0.4615[kJ/kg·K]인 기체 1[kg]이 압력 2[MPa], 온도 250[℃] 상태로 들어있다. 이때 이 기체의 압축계수(또는 압축성인자)는?

[20년 3회]

① 0.578 　　　　　　　② 0.828

③ 1.21 　　　　　　　　④ 1.73

해설 압축계수

$PV = ZWRT$, $\quad Z = \dfrac{PV}{WRT}$

여기서, P : 압력(2[MPa] = 2 × 1,000[kPa] = 2,000[kN/m² = kPa])

$\quad\quad V$: 부피(0.1[m³])

$\quad\quad W$: 무게(1[kg])

$\quad\quad R$: 기체상수(0.4615[kJ/kg·K] = 0.4615[kN·m/kg·K])

$\quad\quad T$: 절대온도(273 + 250 = 523[K])

$\quad\quad Z$: 압축계수

$\therefore Z = \dfrac{PV}{WRT} = \dfrac{2,000 \times 0.1}{1 \times 0.4615 \times 523} = 0.8286$

74 공기를 체적비율이 산소(O_2, 분자량 32[g/mol]) 20[%], 질소(N_2, 분자량 28[g/mol]) 80[%]의 혼합기체라 가정할 때 공기의 기체상수는 약 몇 [kJ/kg·K]인가?(단, 일반기체상수는 8.3145[kJ/kg·K]이다)

[18년 2회]

① 0.294
② 0.289
③ 0.284
④ 0.279

해설 공기의 기체상수

$R = \dfrac{8.3145}{M}[\mathrm{kJ/kg \cdot K}]$

공기의 평균분자량 = $(32 \times 0.2) + (28 \times 0.8) = 28.8$

$\therefore R = \dfrac{8.3145}{M}[\mathrm{kJ/kg \cdot K}]$

$= \dfrac{8.3145}{28.8}[\mathrm{kJ/kg \cdot K}]$

$= 0.289[\mathrm{kJ/kg \cdot K}]$

※ O : 16, N : 12, H : 1

핵심 예제

75 표준대기압 상태인 어떤 지방의 호수 밑 72.4[m]에 있던 공기의 기포가 수면으로 올라오면 기포의 부피는 최초 부피의 몇 배가 되는가?(단, 기포 내의 공기는 보일의 법칙을 따른다)

[20년 1·2회]

① 2
② 4
③ 7
④ 8

해설 $V_1 P_1 \rightarrow$ 호수 밑

(P_1 = 대기압 + 게이지압 = 10.332 + 72.4 = 82.732)

$V_2 P_2 \rightarrow$ 호수 위(대기압)

$P_1 V_1 = P_2 V_2$

$V_2 = \dfrac{P_1}{P_2} V_1$

$= \dfrac{82.732}{10.332} V_1$

$\fallingdotseq 8 V_1$

76 0.02[m³]의 체적을 갖는 액체가 강체의 실린더 속에서 730[kPa]의 압력을 받고 있다. 압력이 1,030[kPa]로 증가되었을 때 액체의 체적이 0.019[m³]으로 축소되었다. 이때 액체의 체적탄성계수는 약 몇 [kPa]인가? [19년 2회]

① 3,000   ② 4,000

③ 5,000   ④ 6,000

해설 체적탄성계수

$$K = -\frac{\Delta P}{\Delta V/V}$$

여기서, ΔP : 압력 변화

$\Delta V/V$: 부피 변화

$$\therefore K = -\frac{\Delta P}{\Delta V/V} = \frac{(1,030-730)[\text{kPa}]}{\dfrac{0.02-0.019}{0.02}} = 6,000[\text{kPa}]$$

77 체적탄성계수가 2×10^9[Pa] 물의 체적을 3[%] 감소시키려면 몇 [MPa]의 압력을 가하여야 하는가? [19년 4회]

① 25   ② 30

③ 45   ④ 60

해설 체적탄성계수

$$K = \left(-\frac{\Delta P}{\Delta V/V}\right) \quad \Delta P = K \times \Delta V/V$$

$$\Delta P = K \times \Delta V/V = 2 \times 10^9 \times 0.03$$
$$= 60,000,000[\text{Pa}] = 60[\text{MPa}]$$

78 물의 체적을 5[%] 감소시키려면 얼마의 압력[kPa]을 가하여야 하는가?(단, 물의 압축률은 5×10^{-10}[m²/N]이다) [20년 4회]

① 1   ② 10^2

③ 10^4 ④ 10^5

해설 체적탄성계수 $K = \left(-\dfrac{\Delta P}{\Delta V/V}\right)$, 압축률 $\beta = \dfrac{1}{K}$

압력변화 $\Delta P = -K\dfrac{\Delta V}{V} = -\dfrac{1}{\beta}\dfrac{\Delta V}{V}$

$$= -\frac{1}{5 \times 10^{-10}} \times 0.05 = 10^8[\text{Pa}] = 10^5[\text{kPa}]$$

79 물의 체적탄성계수가 2.5[GPa]일 때 물의 체적을 1[%] 감소시키기 위해선 얼마의 압력 [MPa]을 가하여야 하는가?

[20년 3회]

① 20

② 25

③ 30

④ 35

해설 체적탄성계수

$$K = \left(-\frac{\Delta P}{\Delta V/V} \right) \quad \Delta P = K \times \Delta V/V$$

$$\Delta P = K \times \Delta V/V$$

$$= 2.5 \times 10^3 [\text{MPa}] \times 0.01$$

$$= 25[\text{MPa}]$$

핵심
예제

80 유체의 압축률에 관한 설명으로 올바른 것은?

[21년 2회]

① 압축률 = 밀도 × 체적탄성계수

② 압축률 = 1 / 체적탄성계수

③ 압축률 = 밀도 / 체적탄성계수

④ 압축률 = 체적탄성계수 / 밀도

해설 압력이 P일 때 체적 V인 유체에 압력을 ΔP만큼 증가시켰을 때 체적이 ΔV만큼 감소한다면 체적탄성계수(K)는

$$K = -\frac{\Delta P}{\Delta V/V} = \frac{\Delta P}{\Delta \rho / \rho}$$

여기서, P : 압력

V : 체적

ρ : 밀도

$\Delta V/V$: 무차원

K : 압력단위

• 압축률 $\beta = \dfrac{1}{K}$

• 등온변화일 때, $K = P$

• 단열변화일 때, $K = kP(k$: 비열비$)$

CHAPTER 03 유체의 유동(流動) 및 측정

배관의 마찰손실

① 주손실
  • 직관의 마찰손실
② 부차적 손실
  • 급격한 확대관
  • 급격한 축소관
  • 관 부속품(엘보, T 등)
  • 흐름방향 변경손실

1 유체의 관 마찰손실

(1) Darcy-Weisbach식 : 수평관을 정상적으로 흐를 때 적용

$$H_l = \frac{\Delta P}{\gamma} = f \cdot \frac{l}{D} \frac{u^2}{2g} [\text{m}]$$

여기서, H_l : 마찰손실[m]

ΔP : 압력차[kg$_f$/m^2]

γ : 유체의 비중량(물의 비중량 1,000[kg$_f$/m^3])

D : 관의 내경[m]

l : 관의 길이[m]

u : 유체의 유속[m/s]

f : 관마찰계수(상대조도와 레이놀즈수의 함수)

  └▶ 주어지면 주어진 값 적용, 안 주어지면 ┌ 층류 $f = \dfrac{64}{Re}$(상대조도와 무관)

  Re : 레이놀즈수 └ 난류 $f = 0.3164Re^{-\frac{1}{4}}$

  ┌ 매끄러운 관 : 상대조도와 무관
  └ 거친 관 : 상대조도와 관계있다.

$\therefore H_l \propto u^2 \propto \left(\dfrac{u^2}{2g}\right)$
  속도수두

(2) 직관에서 마찰손실

① 층류(Laminar Flow)

매끈한 수평관 내를 층류로 흐를 때는 Hagen-Poiseuille법칙이 적용된다.

㉠ 손실수두 $H = \dfrac{\Delta P}{\gamma} = \dfrac{128\mu l Q}{\gamma \pi d^4}$

㉡ $\Delta P = \dfrac{128\mu l Q}{\pi d^4}$

$$\text{유량 } Q = \dfrac{\Delta P \pi d^4}{128 \mu l}$$

여기서, ΔP : 압력차

Q : 유량[m^3/s]

γ : 유체의 비중량[kg_f/m^3]

l : 관의 길이[m]

μ : 유체의 점도[kg/m·s]

d : 관의 내경[m]

② 난류(Turbulent Flow)

유체의 흐름이 일정하지 않고 불규칙하게 흐르는 흐름으로서 Fanning법칙이 적용된다.

패닝법칙 : 다르시-바이스바흐 × 4배

$$H_l = \dfrac{\Delta P}{\gamma} = f \cdot \dfrac{l}{D} \dfrac{u^2}{2g} \times 4\text{배} \rightarrow H_l = f \cdot \dfrac{l}{D} \dfrac{2u^2}{g}$$

여기서, H : 손실수두[m]

γ : 유체의 비중량[kg_f/m^3]

l : 관의 길이[m]

D : 관의 내경[m]

ΔP : 압력차[kg_f/m^2]

f : 관의 마찰계수

u : 관의 유속[m/s]

2 레이놀즈수(Reynolds Number, Re)

층류와 난류를 구분하는 척도 : 단위가 없다. 무차원수

• 층류(정상류) : 유체입자가 질서정연하게 층과 층을 미끄러지면서 흐름

 $Re \leq 2,100$

• 난류 : 유체입자가 불규칙하게 운동하면서 흐름

 $Re \geq 4,000$

• 천이영역(임계영역)

 $2,100 < Re < 4,000$

(1) 레이놀즈수 $Re = \dfrac{Du\rho}{\mu} = \dfrac{Du}{\nu} = \dfrac{DG}{\mu}$ [무차원]

여기서, D : 관의 내경[m]

$$u(\text{유속}) = \frac{Q}{A} = \frac{4Q}{\pi D^2}\,[\text{m/s}]$$

$$\overline{m} = Au\rho\text{에서 } u = \frac{\overline{m}}{A\rho}$$

ρ : 유체의 밀도[kg/m^3] = [N · s^2/m^4]

μ : 유체의 점도[kg/m · s] = [N · s/m^2]

ν (동점도) : 절대점도를 밀도로 나눈 값($\dfrac{\mu}{\rho} = [\text{m}^2/\text{s}]$)

G(질량속도) $= u\rho\,[\text{kg/m}^2 \cdot \text{s}]$

PLUS ONE ➕ Re No 출제 유형

• 물의 점도와 밀도가 주어지지 않고 "유체가 물이다"로 주어질 때 물의 점도 :
1[cp] = 0.01[g/cm · s], 물의 밀도 : 1[g/cm^3]을 대입한다.

• 동점도가 주어지고 Re No 구하는 문제

• Re No 구하여 흐름의 종류가 층류, 난류를 구분하는 문제

• 층류일 때 관 마찰계수 구하는 문제

(2) 임계레이놀즈수

① 상임계 레이놀즈수

충류에서 난류로 변할 때의 레이놀즈수(4,000)

② 하임계 레이놀즈수

난류에서 충류로 변할 때의 레이놀즈수(2,100)

③ 임계유속 Re수가 2,100일 때의 유속

$$Re = \frac{Du\rho}{\mu} = \frac{Du}{\nu}$$

$$2,100 = \frac{Du\rho}{\mu} = \frac{Du}{\nu}$$

> 임계유속 $u = \dfrac{2,100\mu}{D\rho} = \dfrac{2,100\nu}{D}$

(3) 관 마찰계수(f)

① **충류** : 상대조도와 무관, 레이놀즈만의 함수

② **임계영역** : 상대조도와 레이놀즈만의 함수

③ **난류** : 상대조도와 무관

※ 상대조도 $C = \dfrac{\varepsilon}{d}$

여기서, ε : 절대조도

조도 : 배관의 거친 정도

※ 충류와 난류의 비교

구 분	충 류	난 류
Re	2,100 이하	4,000 이상
흐 름	정상류	비정상류
전단응력	$\tau = -\dfrac{dp}{dl} \cdot \dfrac{r}{2} = \dfrac{P_A - P_B}{l} \cdot \dfrac{r}{2}$	$\tau = \mu\dfrac{du}{dy}$
평균속도	$u = \dfrac{1}{2}u_{\max}$	$u = 0.8u_{\max}$
손실수두	Hagen-Poiseuille's Law $H = \dfrac{128\mu lQ}{\gamma\pi d^4}$	Fanning's Law $H = \dfrac{2flu^2}{gD}$
속도분포식	$u = u_{\max}\left[1 - \left(\dfrac{r}{r_o}\right)^2\right]$	
관 마찰계수	$f = \dfrac{64}{Re}$	$f = 0.3164Re^{-\frac{1}{4}}$

3 관의 상당길이(Equivalent Length of Pipe)

(1) 관 상당길이

관 부속품이 직관의 길이에 상당하는 상당길이는 Darcy−Weisbach식을 이용하여

$$H_l = f\frac{l}{D}\frac{u^2}{2g} = K\frac{u^2}{2g}, \quad K = f \cdot \frac{l}{D}$$

$$\text{상당길이} \quad Le = \frac{KD}{f}$$

여기서, K : 부차적 손실계수
D : 관지름
f : 관 마찰계수

(2) 관 마찰손실

배관의 마찰손실은 주손실과 부차적 손실로 구분한다.

- 주손실 : 관로마찰에 의한 손실
- 부차적손실 : 급격한 확대, 축소, 관부속품에 의한 손실

① 축소관일 때

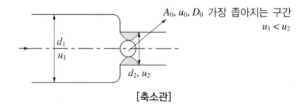

[축소관]

$$H_l = K\frac{u^2}{2g} \, [\mathrm{m}]$$

$$K \text{ 손실계수} = \left(\frac{A_2}{A_0} - 1\right)^2 = \left(\frac{1}{C_c} - 1\right)^2$$

$$\text{단면의 수축계수} \quad C_c = \frac{A_0}{A_2}$$

② 확대관일 때

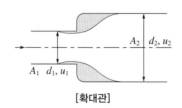

[확대관]

$$손실수두 \ H = k\frac{(u_1 - u_2)^2}{2g} = k'\frac{u_1^2}{2g}$$

여기서, k' : 확대손실계수 $= \left(1 - \dfrac{A_1}{A_2}\right)^2$

4 수력반경

수력반경(R_h)

$$수력반경 = \frac{면적}{접수길이}, \ R_h = \frac{A}{l}$$

여기서, A : 단면적$[\text{m}^2]$
 l : 길이$[\text{m}]$

(1) 원형배관일 때

$R_h = \dfrac{A}{l} = \dfrac{\pi r^2}{2\pi r} = \dfrac{\frac{\pi}{4}D^2}{\pi D} = \dfrac{D}{4}$

$R_h = \dfrac{D}{4}[\text{m}]$, 직경 $D = 4R_h$

(2) 폐수로(뚜껑이 있는 수로)

$R_h = \dfrac{A}{l} = \dfrac{ab}{2a + 2b}$
원형배관의 직경 $D = 4R_h$

(3) 개수로

$R_h = \dfrac{A}{l} = \dfrac{ab}{a + 2b}$
원형배관의 직경 $D = 4R_h$

(4) 동심2중관

$$R_h = \frac{A}{l} = \frac{\frac{\pi}{4}D^2 - \frac{\pi}{4}d^2}{\pi D + \pi d} = \frac{D-d}{4}\,[\mathrm{m}]$$

(5) 상대조도

$$C = \frac{\varepsilon}{D} = \frac{\varepsilon}{4R_h}$$

여기서, ε : 절대조도

D : 직경

5 무차원수

[무차원식의 관계]

명 칭	무차원식	물리적 의미
레이놀즈수	$Re = \dfrac{Du\rho}{\mu} = \dfrac{Du}{\nu}$	$Re = \dfrac{관성력}{점성력}$
오일러수	$Eu = \dfrac{\Delta P}{\rho u^2}$	$Eu = \dfrac{압축력}{관성력}$
웨버수	$We = \dfrac{\rho L u^2}{\sigma}$	$We = \dfrac{관성력}{표면장력}$
코시수(마하수)	$Ca = \dfrac{\rho u^2}{K}$	$Ca = \dfrac{관성력}{탄성력}$
프루드수	$Fr = \dfrac{u}{\sqrt{gL}}$	$Fr = \dfrac{관성력}{중력}$

6 유체의 측정

(1) 압력측정

전압 = 정압 + 동압

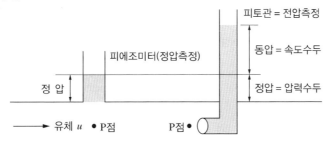

$$\frac{u^2}{2g} + \frac{P}{\gamma} + Z = C \text{ 일정 } (Z = 0, \text{ 기준점이 같기 때문에})$$

① U자관 Manometer의 압력차

$$\Delta P = \frac{g}{g_c}R(\gamma_A - \gamma_B)$$

여기서, R : Manometer 읽음[m]

γ_A : 유체의 비중량[kgf/m³]

γ_B : 물의 비중량[kgf/m³]

② 피에조미터(Piezometer)

탱크나 어떤 용기 속의 압력을 측정하기 위하여 수직으로 세운 투명관으로서 유동하고 있는 유체에서 교란되지 않는 유체의 정압을 측정하는 피에조미터와 정압관이 있다.

피에조미터와 정압관 : 유동하고 있는 유체의 정압 측정

A점의 압력 $P_A = \gamma h = S\gamma_w h \, [\text{N/m}^2]$

③ 피토-정압관(Pitot-Static Tube)

선단과 측면에 구멍이 뚫려 있어 전압과 정압의 차이, 즉 동압을 측정하는 장치

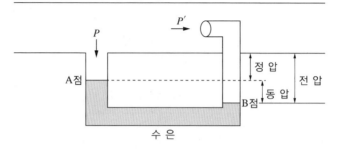

$$P_A = P_B$$

④ 액주계

㉠ 수은기압계

대기압을 측정하기 위한 기압계로서

$$P_o = P_v + \gamma h$$

여기서, P_o : 대기압

P_v : 수은의 증기압(적어서 무시할 정도임)

γ : 수은의 비중량

h : 수은의 높이

㉡ 액주계 $P_A = \gamma_2 h_2 - \gamma_1 h_1$

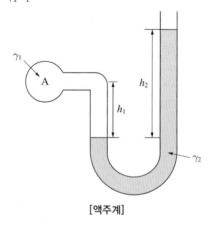

[액주계]

㉢ 시차액주계

두 개의 탱크의 지점 간의 압력을 측정하는 장치이다. 그림에서

$$P_A + \gamma_1 h_1 = P_B + \gamma_2 h_2 + \gamma_3 h_3$$

• A점의 압력(P_A)

$$P_A = P_B + \gamma_2 h_2 + \gamma_3 h_3 - \gamma_1 h_1$$

- B지점의 압력(P_B)

  $P_B = P_A + \gamma_1 h_1 - \gamma_2 h_2 - \gamma_3 h_3$

- 압력차 $\Delta P(P_A - P_B) = \gamma_2 h_2 + \gamma_3 h_3 - \gamma_1 h_1$

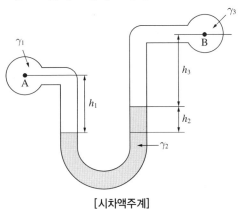

[시차액주계]

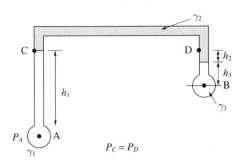

- C점의 압력(P_C)

  $P_C = P_A - \gamma_1 h_1$

- D점의 압력(P_D)

  $P_D = P_B - \gamma_3 h_3 - \gamma_2 h_2$

- $P_A - \gamma_1 h_1 = P_B - \gamma_3 h_3 - \gamma_2 h_2$

- $P_A - P_B = \gamma_1 h_1 - \gamma_2 h_2 - \gamma_3 h_3$

⑤ U자형 마노미터 : 벤투리관(오리피스미터) 동일 공식

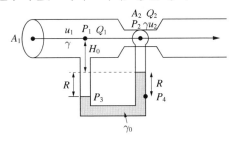

$$Q = Au \ (Z_1 = Z_2 \ \text{동일선상})$$

$$\frac{u_1^2}{2g} + \frac{P_1}{\gamma} + Z_1 = \frac{u_2^2}{2g} + \frac{P_2}{\gamma} + Z_2$$

$$\frac{u_2^2 - u_1^2}{2g} = \frac{P_1 - P_2}{\gamma} \ \cdots \ \text{㉠식}$$

$$A_1 u_1 = A_2 u_2$$

$$u_1 = \frac{A_2}{A_1} u_2 \ \cdots \ \text{㉡식}$$

㉡식을 ㉠식에 대입

$$\frac{u_2^2 - \left(\dfrac{A_2}{A_1} u_2\right)^2}{2g} = \frac{P_1 - P_2}{\gamma}$$

$$\frac{u_2^2 - \left[1 - \left(\dfrac{A_2}{A_1}\right)^2\right]}{2g} = \frac{P_1 - P_2}{\gamma}$$

$$\frac{u_2^2 - \left[1 - \left(\dfrac{A_2}{A_1}\right)^2\right]}{2g} = \frac{R(\gamma_0 - \gamma)}{\gamma}$$

대 입

$$\text{※} \ P_1 + \gamma H_0 + \gamma R = P_2 + \gamma H_0 + \gamma_0 R$$
$$P_1 - P_2 = \gamma_0 R - \gamma R$$
$$P_1 - P_2 = \boxed{R(\gamma_0 - \gamma)}$$

$$u_2^2 = \frac{2gR(\gamma_0 - \gamma)}{\left[1 - \left(\dfrac{A_2}{A_1}\right)^2\right]\gamma}$$

$$u_2^2 = \frac{1}{\left[1 - \left(\dfrac{A_2}{A_1}\right)^2\right]} \frac{2gR(\gamma_0 - \gamma)}{\gamma}$$

$$u_2 = \frac{1}{\sqrt{\left[1 - \left(\dfrac{A_2}{A_1}\right)^2\right]}} \sqrt{2gR \times \frac{\gamma_0 - \gamma}{\gamma}}$$

$$Q = A_2 u_2 = \frac{A_2}{\sqrt{\left[1 - \left(\dfrac{A_2}{A_1}\right)^2\right]}} \times \bigcirc\!\!\!C \sqrt{2gR \times \frac{\gamma_0 - \gamma}{\gamma}}$$

└─ 손실계수가 주어지면 적용

$$\text{※} \ \left(\frac{A_2}{A_1}\right)^2 = \left(\frac{D_2^2}{D_1^2}\right)^2, \ \frac{\gamma_0 - \gamma}{\gamma} = \left(\frac{\gamma_0}{\gamma} - 1\right)$$

(2) 유량측정

① 벤투리미터(Venturi Meter)

  ㉠ 단면이 축소하는 부분에 유체를 가속시켜 압력변화를 일으켜 유량을 측정하는 장치이다.

  ㉡ 유량측정이 정확하고 설치비가 많이 든다.

  ㉢ 압력손실이 가장 적다.

  ㉣ 정확도가 높다.

② 오리피스미터(Orifice Meter)

  ㉠ 관의 이음매 사이에 끼워 넣은 얇은 판으로 구조이다.

  ㉡ 설치하기는 쉽고, 가격이 싸다.

  ㉢ 교체가 용이하고, 고압에 적당하다.

  ㉣ 압력손실이 크다.

③ 위어(Weir)

  위어는 개수로의 유량측정으로 다량의 유량을 측정할 때 사용한다.

④ 로터미터(Rotameter, 펌프성능시험)

  유체 속에 부자(Float)를 띄워서 유량을 직접 눈으로 읽을 수 있도록 되어 있고 측정범위가 넓게 분포되어 있으며 두 손실이 작고 양이 일정하다.

(3) 유속측정

① 피토관(Pitot Tube)

  피토관은 정압과 동압을 이용하여 국부속도를 측정하는 장치

$$u = \sqrt{2gH}\,[\mathrm{m/s}]$$

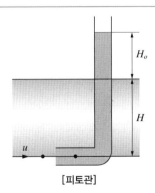

[피토관]

② 시차액주계

피에조미터와 피토관을 결합하여 유속을 측정하는 장치

$$u = \sqrt{2gR\left(\frac{\rho_2 - \rho_1}{\rho_1}\right)}\,[\mathrm{m/s}]$$

여기서, ρ_1 : 물의 비중

ρ_2 : 수은의 비중

③ 피토 – 정압관(Pitot – Static Tube)

선단과 측면에 구멍이 뚫려 있어 전압과 정압의 차이, 즉 동압을 이용하여 유속을 측정하는 장치

$$u_1 = c\sqrt{2gR\left(\frac{\rho_2}{\rho_1} - 1\right)}\,[\mathrm{m/s}]$$

여기서, c : 상수

ρ_1 : 물의 비중

ρ_2 : 수은의 비중

7 점성계수의 측정

(1) 낙구식 점도계

스토크스법칙을 기초로 한 것으로 작은 강구를 일정한 속도(V)로 액체 속에서의 거리(L)를 낙하하는 데 걸리는 시간(t)을 측정하여 점성계수를 구한다.

- 항력 $D = 3\pi\mu Vd$
- 점성계수 $\mu = \dfrac{d^2(\gamma_s - \gamma_l)}{18\,V}$

여기서, γ_s : 강구의 비중량

γ_l : 액체의 비중량

(2) 세이볼트 점도계(하겐-포아젤법칙)

용기에 액체를 채우고 하단부의 구멍을 열어 가는 모세관을 통하여 액체를 배출시키는 데 걸리는 시간을 측정하여 동점성계수를 계산한다.

$$V = 10^{-4} \times \left(0.002197t - \frac{1.798}{t} \right)$$

여기서, t : 액체를 배출시키는 데 걸리는 시간[s]

(3) 맥마이클 점도계

토크 측정장치와 연결하여 측정장치에 걸린 토크는 뉴턴의 점성법칙을 이용하여 점성계수를 구한다.

PLUS ONE 점도계
- 맥마이클(MacMichael) 점도계, 스토머(Stomer) 점도계 : 뉴턴의 점성법칙
- 오스트발트(Ostwald) 점도계, 세이볼트(Saybolt) 점도계 : 하겐-포아젤법칙
- 낙구식 점도계 : 스토크스법칙

8 비중량의 측정

(1) 비중병

$$\text{액체의 비중량 } \gamma = \rho g = \frac{W_2 - W_1}{V}$$

여기서, W_1 : 비중병의 무게

W_2 : 비중병 + 액체의 무게

V : 액체의 체적

ρ : 액체의 밀도

(2) 비중계

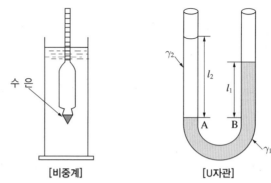

[비중계]   [U자관]

실린더나 가늘고 긴 유리관에 액체를 적당량을 채우고 측정하고자하는 비중계를 액체 속으로 똑바로 세워 액면과 일치하는 눈금을 읽으면 된다.

(3) U자관

위의 U자관에서 A와 B의 압력은 같다.

$$\gamma_2 l_2 = \gamma_1 l_1$$

9 수력도약

개수로에서 유체가 빠른 흐름에서 느린 흐름으로 변하면서 수심이 깊어지는 현상

수력도약 : 운동에너지가 위치에너지로 갑자기 변화할 때 발생

수력도약에 의한 손실수두 $H = \dfrac{(y_2 - y_1)^2}{4y_1 y_2}$

여기서, y_2 : 수력도약이 일어난 후의 수심

y_1 : 수력도약이 일어나기 전의 수심

핵/심/예/제

01 관 내의 흐름에서 부차적 손실에 해당하지 않는 것은? [19년 2회]

① 곡선부에 의한 손실
② 직선 원관 내의 손실
③ 유동단면의 장애물에 의한 손실
④ 관 단면의 급격한 확대에 의한 손실

> **해설** 관 마찰손실
> • 주손실 : 주관로(직선 배관) 마찰에 의한 손실
> • 부차적손실 : 급격한 확대, 축소, 관부속품에 의한 손실

02 일반적인 배관 시스템에서 발생되는 손실을 주손실과 부차적손실로 구분할 때 다음 중 주손실에 속하는 것은? [19년 1회]

① 직관에서 발생하는 마찰손실
② 파이프 입구와 출구에서의 손실
③ 단면의 확대 및 축소에 의한 손실
④ 배관부품(엘보, 리턴밴드, 티, 리듀서, 유니언, 밸브 등)에서 발생하는 손실

> **해설** 관 마찰손실
> • 주손실 : 관로마찰에 의한 손실
> • 부차적손실 : 급격한 확대, 축소, 관부속품에 의한 손실

03 수평 원관 내 완전발달 유동에서 유동을 일으키는 힘(㉠)과 방해하는 힘(㉡)은 각각 무엇인가? [19년 2회]

① ㉠ : 압력차에 의한 힘, ㉡ : 점성력
② ㉠ : 중력 힘, ㉡ : 점성력
③ ㉠ : 중력 힘, ㉡ : 압력차에 의한 힘
④ ㉠ : 압력차에 의한 힘, ㉡ : 중력 힘

> **해설** 수평 원관 내 완전발달 유동
> • 유동을 일으키는 힘 : 압력차에 의한 힘
> • 방해하는 힘 : 점성력

04 수평관의 길이가 100[m]이고, 안지름이 100[mm]인 소화설비 배관 내를 평균유속 2[m/s]로 물이 흐를 때 마찰손실수두는 약 몇 [m]인가?(단, 관의 마찰손실계수는 0.05이다)

[19년 2회]

① 9.2　　　　　　　　　　　② 10.2

③ 11.2　　　　　　　　　　　④ 12.2

해설 다르시 - 바이스바흐 방정식

$$H = \frac{flu^2}{2gD}[\text{m}]$$

여기서, H : 마찰손실[m]

f : 관의 마찰계수(0.05)

l : 관의 길이(100[m])

D : 관의 내경(0.1[m])

u : 유체의 유속(2[m/s])

$$\therefore H = \frac{flu^2}{2gD} = \frac{0.05 \times 100 \times (2)^2}{2 \times 9.8 \times 0.1} \fallingdotseq 10.20[\text{m}]$$

**핵심
예제**

05 원관에서 길이가 2배, 속도가 2배가 되면 손실수두는 원래의 몇 배가 되는가?(단, 두 경우 모두 완전발달 난류유동에 해당되며, 관 마찰계수는 일정하다)

[20년 3회]

① 동일하다.

② 2배

③ 4배

④ 8배

해설 다르시 - 바이스바흐 방정식

$$H = \frac{flu^2}{2gD}[\text{m}]$$

여기서 길이 2배, 속도 2배가 되면

$$H = \frac{flu^2}{2gD}[\text{m}] = \frac{2 \times 2^2}{1} = 8배$$

06 길이가 400[m]이고 유동단면이 20 × 30[cm]인 직사각형 관에 물이 가득 차서 평균속도 3[m/s]로 흐르고 있다. 이때 손실수두는 약 몇 [m]인가?(단, 관 마찰계수는 0.01이다)

[17년 1회]

① 2.38

② 4.76

③ 7.65

④ 9.52

해설 손실수두

$$H = \frac{flu^2}{2gD}$$

여기서, D : 내경

$D = 4R_h = 4 \times 6 = 24[\text{cm}] = 0.24[\text{m}]$

수력반경 $R = \frac{A}{l} = \frac{20 \times 30}{20 \times 2 + 30 \times 2} = 6[\text{cm}]$

$\therefore H = \frac{flu^2}{2gD} = \frac{0.01 \times 400 \times (3)^2}{2 \times 9.8 \times 0.24} = 7.65[\text{m}]$

07 길이가 5[m]이며, 외경과 내경이 각각 40[cm]와 30[cm]인 환형(Annular)관에 물이 4[m/s]의 평균속도로 흐르고 있다. 수력지름에 기초한 마찰계수가 0.02일 때 손실수두는 약 몇 [m]인가?

[17년 4회]

① 0.063

② 0.204

③ 0.472

④ 0.816

해설 마찰손실수두

$$H = \frac{flu^2}{2gD}[\text{m}]$$

여기서, H : 마찰손실[m]

f : 관의 마찰계수(0.02)

l : 관의 길이(5[m])

u : 유체의 유속(4[m/s])

D : 관의 내경[m]

$R_h = \frac{A}{l} = \frac{\frac{\pi}{4} \times 0.4^2 - \frac{\pi}{4} \times (0.3)^2}{\pi \times 0.4 + \pi \times 0.3} = 0.025$

$D = 4R_h = 4 \times 0.025$

$= 0.1[\text{m}]$

$H = \frac{flu^2}{2gD} = \frac{0.02 \times 5 \times 4^2}{2 \times 9.8 \times 0.1}$

$= 0.816[\text{m}]$

비중이 0.85이고 동점성계수가 3×10^{-4}[m²/s]인 기름이 직경 10[cm]의 수평 원형관 내에 20[L/s]으로 흐른다. 이 원형관의 100[m] 길이에서의 수두손실[m]은?(단, 정상 비압축성 유동이다)

[20년 1·2회]

① 16.6

② 25.0

③ 49.8

④ 82.2

해설 손실수두

$$H = \frac{flu^2}{2gD}$$

- 관 마찰계수(f)
  - 레이놀즈수

  $$Re = \frac{Du}{v}$$

  $$= \frac{0.1[\text{m}] \times 2.5464[\text{m/s}]}{3 \times 10^{-4}[\text{m}^2/\text{s}]}$$

  $$= 848.8265(\text{층류})$$

  $$\left[u = \frac{Q}{A} = \frac{20 \times 10^{-3}[\text{m}^3/\text{s}]}{\frac{\pi}{4}(0.1[\text{m}])^2} \right] = 2.5464[\text{m/s}]$$

  - 관 마찰계수 $f = \frac{64}{Re}$

  $$= \frac{64}{848.8265}$$

  $$= 0.0754$$

- 길이(l) : 100[m]
- 수두손실

$$H = \frac{flu^2}{2gD} = \frac{0.0754 \times 100[\text{m}] \times (2.5464[\text{m/s}])^2}{2 \times 9.8[\text{m/s}^2] \times 0.1[\text{m}]} = 24.94[\text{m}]$$

09 거리가 1,000[m] 되는 곳에 안지름 20[cm]의 관을 통하여 물을 수평으로 수송하려 한다. 한 시간에 800[m³]를 보내기 위해 필요한 압력[kPa]은?(단, 관의 마찰계수는 0.03이다)

[19년 1회]

① 1,370

② 2,010

③ 3,750

④ 4,580

해설 압력

$$H_l = \frac{\Delta P}{\gamma} = f \cdot \frac{l}{D}\frac{u^2}{2g}, \quad \Delta P = \frac{flu^2\gamma}{2gD}$$

여기서, f : 관 마찰계수(0.03)

l : 길이(1,000[m])

u : 유속($Q = uA$, $u = \dfrac{Q}{A} = \dfrac{800[\text{m}^3]/3,600[\text{s}]}{\dfrac{\pi}{4}(0.2[\text{m}])^2} \fallingdotseq 7.07[\text{m/s}]$)

γ : 물의 비중량(1,000[kg$_f$/m³])

g : 중력가속도(9.8[m/s²])

D : 지름(0.2[m])

$$\therefore \ \Delta P = \frac{flu^2\gamma}{2gD}$$

$$= \frac{0.03 \times 1,000 \times (7.07)^2 \times 1,000}{2 \times 9.8 \times 0.2}$$

$$= 382,537.5[\text{kg}_f/\text{m}^2]$$

[kg$_f$/m²]을 [kPa]로 환산하면

$$\frac{382,537.5[\text{kg}_f/\text{m}^2]}{10,332[\text{kg}_f/\text{m}^2]} \times 101.325[\text{kPa}] \fallingdotseq 3,751.5[\text{kPa}]$$

핵심
예제

안심Touch

10 길이 1,200[m], 안지름 100[mm]인 매끈한 원관을 통해서 0.01[m³/s]의 유량으로 기름을 수송한다. 이때 관에서 발생하는 압력손실은 약 몇 [kPa]인가?(단, 기름의 비중은 0.8, 점성 계수는 0.06[N·s/m²]이다)

[17년 4회]

① 163.2　　　　　　　　　　　　　② 201.5

③ 293.4　　　　　　　　　　　　　④ 349.7

해설

$$Re = \frac{\rho u D}{\mu} = \frac{0.8 \times 1,000 \times \dfrac{0.01}{\dfrac{\pi}{4} \times (0.1)^2} \times 0.1}{0.06} = 1,697.65$$

$Re < 2,100$ 층류

마찰손실계수가 안 주어졌으므로 하겐-포아젤법칙 적용

$$H_l = \frac{\Delta P}{\gamma} = \frac{128\mu l Q}{\gamma \pi D^4} \text{(층류)}$$

$$\Delta P = \frac{128\mu l Q}{\pi D^4}$$

$$= \frac{128 \times 0.06 \times 1,200 \times 0.01}{\pi \times (0.1)^4}$$

$$= 293,354[\text{Pa}] = 293.35[\text{kPa}]$$

핵심 예제

11 저장용기로부터 20[℃]의 물을 길이 300[m], 지름 900[mm]인 콘크리트 수평 원관을 통하여 공급하고 있다. 유량이 1[m³/s]일 때 원관에서의 압력강하는 약 몇 [kPa]인가?(단, 관마찰계수는 0.023이다)

[18년 2회]

① 3.57　　　　　　　　　　　　　② 9.47

③ 14.3　　　　　　　　　　　　　④ 18.8

해설

$$H_l = \frac{\Delta P}{\gamma} = f \cdot \frac{l}{D} \frac{u^2}{2g}$$

$$\Delta P = \frac{flu^2\gamma}{2gD} = \frac{0.023 \times 300 \times (1.572)^2 \times 1,000}{2 \times 9.8 \times 0.9} = 966.62[\text{kg}_f/\text{m}^2]$$

$$\frac{966.62[\text{kg}_f/\text{m}^2]}{10,332[\text{kg}_f/\text{m}^2]} \times 101.325[\text{kPa}] = 9.48[\text{kPa}]$$

$$\text{※ } u = \frac{Q}{A} = \frac{1}{\dfrac{\pi}{4} \times (0.9)^2} = 1.572[\text{m/s}]$$

12 안지름 300[mm], 길이 200[m]인 수평 원관을 통해 유량 0.2[m³/s]의 물이 흐르고 있다. 관의 양 끝단에서의 압력 차이가 500[mmHg]이면 관의 마찰계수는 약 얼마인가?(단, 수은의 비중은 13.6이다) [17년 2회]

① 0.017

② 0.025

③ 0.038

④ 0.041

해설

$$H_l = f \cdot \frac{l}{D} \frac{u^2}{2g}$$

$$f = \frac{H_l \times D 2g}{lu^2}$$

$$= \frac{6.8 \times 0.3 \times 2 \times 9.8}{200 \times (2.83)^2}$$

$$= 0.025$$

$$※ \quad u = \frac{Q}{A} = \frac{0.2}{\frac{\pi}{4} \times (0.3)^2} = 2.83[\text{m/s}]$$

$$H_l = P_1 - P_2 = \frac{500[\text{mmHg}]}{760[\text{mmHg}]} \times 10.332[\text{m}] = 6.8[\text{m}]$$

13 지름 0.4[m]인 관에 물이 0.5[m³/s]로 흐를 때 길이 300[m]에 대한 동력손실은 60[kW]였다. 이때 관 마찰계수 f는 약 얼마인가? [18년 1회]

① 0.015

② 0.020

③ 0.025

④ 0.030

해설

$$H_l = f \cdot \frac{l}{D} \frac{u^2}{2g}, \quad f = \frac{H_l \times D 2g}{lu^2}$$

$$P[\text{kW}] = \frac{\gamma Q H}{102\eta}$$

$$H = \frac{P \times 102}{\gamma Q} = \frac{60 \times 102}{1,000 \times 0.5} = 12.24[\text{m}]$$

$$u = \frac{Q}{A} = \frac{0.5}{\frac{\pi}{4} \times (0.4)^2} = 3.98$$

$$f = \frac{12.24 \times 0.4 \times 2 \times 9.8}{300 \times (3.98)^2} = 0.020$$

14 원관 속의 흐름에서 관의 직경, 유체의 속도, 유체의 밀도, 유체의 점성계수가 각각 D, V, ρ, μ로 표시될 때 층류 흐름의 마찰계수(f)는 어떻게 표현될 수 있는가? [20년 3회]

① $f = \dfrac{64\mu}{DV\rho}$

② $f = \dfrac{64\rho}{DV\mu}$

③ $f = \dfrac{64D}{V\rho\mu}$

④ $f = \dfrac{64}{DV\rho\mu}$

해설 층류일 때 관 마찰계수(f)

$$f = \frac{64}{Re} = \frac{64}{\dfrac{DV\rho}{\mu}} = \frac{64\mu}{DV\rho}$$

15 온도가 37.5[℃]인 원유가 0.3[m³/s]의 유량으로 원관에 흐르고 있다. 레이놀즈수가 2,100일 때 관의 지름은 약 몇 [m]인가?(단, 원유의 동점성계수는 6×10^{-5}[m²/s]이다) [17년 2회]

① 1.25　　　　　　　　　　② 2.45

③ 3.03　　　　　　　　　　④ 4.45

해설 관의 최소지름

$$Re = \frac{du}{\nu} = \frac{d\dfrac{Q}{\dfrac{\pi}{4}d^2}}{\nu} = \frac{4Q}{\pi d\nu}$$

$$\therefore d = \frac{4Q}{Re \cdot \pi \cdot \nu} = \frac{4 \times 0.3}{2,100 \times 3.14 \times 6 \times 10^{-5}}$$

$$= 3.03[\mathrm{m}]$$

14 ①　15 ③　정답

16 점성계수가 0.101[N·s/m²], 비중이 0.85인 기름이 내경 300[mm], 길이 3[km]의 주철관 내부를 0.0444[m³/s]의 유량으로 흐를 때 손실수두[m]는? [20년 4회]

① 7.1 ② 7.7

③ 8.1 ④ 8.9

해설

손실수두 $H = \dfrac{flu^2}{2gD}$

여기서, u(유속) $= \dfrac{Q}{\frac{\pi}{4}d^2} = \dfrac{0.0444}{\frac{\pi}{4}(0.3)^2} = 0.63$[m/s]

$Re = \dfrac{Du\rho}{\mu} = \dfrac{0.3 \times 0.63 \times 850}{0.101} = 1,590.59$(층류)

f(관 마찰계수) $= \dfrac{64}{Re} = \dfrac{64}{1,590.59} = 0.04$

$\therefore H = \dfrac{flu^2}{2gD} = \dfrac{0.04 \times 3,000 \times (0.63)^2}{2 \times 9.8 \times 0.3} = 8.1$[m]

$$Re = \frac{Du\rho}{\mu} = \left[\frac{m \times \frac{m}{s} \times \frac{kg}{m^3}}{\frac{N \cdot s}{m^2}}\right] = \left[\frac{\frac{kg}{m \cdot s}}{\frac{kg \cdot \frac{m}{s^2} \cdot s}{m^2}}\right] = \left[\frac{\frac{kg}{m \cdot s}}{\frac{kg}{m \cdot s}}\right] = [-]$$

핵심
예제

17 지름 150[mm]인 원 관에 비중이 0.85, 동점성계수가 1.33×10^{-4}[m²/s]인 기름이 0.01[m³/s]의 유량으로 흐르고 있다. 이때 관 마찰계수는 약 얼마인가?(단, 임계레이놀즈수 는 2,100이다) [19년 4회]

① 0.10 ② 0.14

③ 0.18 ④ 0.22

해설

관 마찰계수

먼저 레이놀즈수를 구하여 층류와 난류를 구분하여 관 마찰계수를 구한다.

$Re = \dfrac{Du}{\nu}$ [무차원]

여기서, D : 관의 내경(0.15[m])

u(유속) $= \dfrac{Q}{A} = \dfrac{4Q}{\pi D^2} = \dfrac{4 \times 0.01[m^3/s]}{\pi \times (0.15[m])^2} \fallingdotseq 0.57$[m/s]

ν(동점도) : 1.33×10^{-4}[m²/s]

$\therefore Re = \dfrac{0.15 \times 0.57}{1.33 \times 10^{-4}} = 642.86$(층류)

그러므로 층류일 때 관 마찰계수

$f = \dfrac{64}{Re} = \dfrac{64}{642.86} \fallingdotseq 0.099 \fallingdotseq 0.1$

18 유체가 매끈한 원 관 속을 흐를 때 레이놀즈수가 1,200이라면 관 마찰계수는 얼마인가?

[18년 4회]

① 0.0254

② 0.00128

③ 0.0059

④ 0.053

해설   **층류일 때 관 마찰계수**

$$f = \frac{64}{Re} = \frac{64}{1,200} = 0.053$$

19 모세관에 일정한 압력차를 가함에 따라 발생하는 층류 유동의 유량을 측정함으로써 유체의 점도를 측정할 수 있다. 같은 압력차에서 두 유체의 유량의 비 Q_2/Q_1 = 2이고 밀도비 ρ_2/ρ_1 = 2일 때, 점성계수비 μ_2/μ_1은?

[17년 4회]

① 1/4

② 1/2

③ 1

④ 2

해설   **하겐-포아젤법칙**

$$H_l = \frac{\Delta P}{\gamma} = \frac{128\mu l Q}{\gamma \pi D^4}, \ \ \Delta P = \frac{128\mu l Q}{\pi D^4}$$

$$Q \propto \frac{1}{\mu}$$

$$Q \propto P$$

$$\frac{Q_2}{Q_1} = 2$$

$$\frac{\mu_2}{\mu_1} = \frac{1}{2}$$

20 지름이 5[cm]인 원형관 내에 어떤 이상기체가 흐르고 있다. 다음 보기 중 이 기체의 흐름이 층류이면서 가장 빠른 속도는?(단, 이 기체의 절대압력은 200[kPa], 온도는 27[℃], 기체상수는 2,080[J/kg · K], 점성계수는 2×10^{-5}[N · s/m^2], 층류에서 하임계 레이놀즈 값은 2,200으로 한다)

[17년 1회]

[보 기]			
㉠ 0.3[m/s]	㉡ 1.5[m/s]	㉢ 8.3[m/s]	㉣ 15.5[m/s]

① ㉠　　　　　　　　　　　　　　② ㉡

③ ㉢　　　　　　　　　　　　　　④ ㉣

해설 레이놀즈(Reynolds)수

$$Re = \frac{Du\rho}{\mu}$$

여기서, D : 내경(0.05[m])

u : 유속[m/s]

ρ : 밀도[kg/m^3](이상기체 상태방정식 $\frac{P}{\rho} = RT$에서)

μ : 점성계수(2×10^{-5}[N · s/m^2] $= 2 \times 10^{-5} \times \frac{[\text{kg} \cdot \text{m}]}{[\text{s}^2]} \cdot \frac{[\text{s}]}{[\text{m}^2]}$)

$$\therefore \rho = \frac{P}{RT} = \frac{200 \times 10^3 [\text{N/m}^2]}{2,080 \frac{[\text{N} \cdot \text{m}]}{[\text{kg} \cdot \text{K}]} \times (273 + 27)[\text{K}]} = 0.32[\text{kg/m}^3]$$

$R = \text{J/kg} \cdot \text{K} \rightarrow \text{J} = R \cdot \text{kg} \cdot \text{K}$

$PV = WRT, \ P = \frac{W}{V}RT$

$P = \rho RT, \ \rho = \frac{P}{RT}$

$[\text{N} \cdot \text{m}] = [\text{J}]$

∴ 레이놀즈수 $Re = \frac{Du\rho}{\mu}$ 를 적용하여 계산하면

① 유속 0.3[m/s]일 때 레이놀즈수

$$Re = \frac{0.05 \times 0.3 \times 0.32}{2 \times 10^{-5}} = 240$$

② 유속 1.5[m/s]일 때 레이놀즈수

$$Re = \frac{0.05 \times 1.5 \times 0.32}{2 \times 10^{-5}} = 1,200$$

③ 유속 8.3[m/s]일 때 레이놀즈수

$$Re = \frac{0.05 \times 8.3 \times 0.32}{2 \times 10^{-5}} = 6,640$$

④ 유속 15.5[m/s]일 때 레이놀즈수

$$Re = \frac{0.05 \times 15.5 \times 0.32}{2 \times 10^{-5}} = 12,400$$

하임계 레이놀즈 값($Re = 2,200$)이란 난류에서 층류로 바뀌는 값

∴ 하임계 레이놀즈 값보다 작으면 층류이므로 층류이면서 가장 빠른 속도는 1.5[m/s]이다.

21 동점성계수가 1.15×10^{-6}[m²/s]인 물이 30[mm]의 지름 원관 속을 흐르고 있다. 층류가 기대될 수 있는 최대 유량은 약 몇 [m³/s]인가?(단, 임계 레이놀즈수는 2,100이다)

[18년 2회]

① 2.85×10^{-5}

② 5.69×10^{-5}

③ 2.85×10^{-7}

④ 5.69×10^{-7}

해설 레이놀즈수 $Re = \dfrac{Du}{\nu}$

$$2,100 = \dfrac{0.03[\text{m}] \times u}{1.15 \times 10^{-6}[\text{m}^2/\text{s}]} \qquad u = 0.0805[\text{m/s}]$$

$$\therefore\ Q = uA = 0.0805 \times \dfrac{\pi}{4}(0.03[\text{m}])^2$$

$$= 5.69 \times 10^{-5}[\text{m}^3/\text{s}]$$

핵심
예제

22 반지름 r_o인 원형 파이프에 유체가 층류로 흐를 때, 중심으로부터 거리 r에서의 유속 u와 최대속도 $u_{\max}$의 비에 대한 분포식으로 옳은 것은?

[21년 1회]

① $\dfrac{u}{u_{\max}} = \left(\dfrac{r}{r_o}\right)^2$

② $\dfrac{u}{u_{\max}} = 2\left(\dfrac{r}{r_o}\right)^2$

③ $\dfrac{u}{u_{\max}} = \left(\dfrac{r}{r_o}\right)^2 - 2$

④ $\dfrac{u}{u_{\max}} = 1 - \left(\dfrac{r}{r_o}\right)^2$

해설 속도 분포식

$$u = u_{\max}\left[1 - \left(\dfrac{r}{r_o}\right)^2\right]$$

여기서, $u_{\max}$: 중심유속

  r : 중심에서의 거리

  r_o : 중심에서 벽까지의 거리

23 파이프 내 정상 비압축성 유동에 있어서 관 마찰계수는 어떤 변수들의 함수인가? [17년 1회]

① 절대조도와 관지름
② 절대조도와 상대조도
③ 레이놀즈수와 상대조도
④ 마하수와 코시수

해설 관 마찰계수(f)
- 층류구역($Re < 2{,}100$) : f는 상대조도에 관계없이 레이놀즈수만의 함수이다.

$$f = \frac{64}{Re}$$

- 천이구역(임계영역, $2{,}100 < Re < 4{,}000$) : f는 상대조도와 레이놀즈수만의 함수이다.
- 난류구역($Re > 4{,}000$) : f는 상대조도와 무관하고 레이놀즈수에 대하여 좌우되는 영역은 브라시우스식을 제시한다.

$$f = 0.3164 Re^{-\frac{1}{4}}$$

24 다음과 같은 유동형태를 갖는 파이프 입구 영역의 유동에서 부차적 손실계수가 가장 큰 것은? [18년 2회]

**핵심
예제**

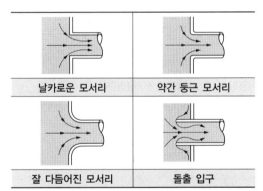

① 날카로운 모서리   ② 약간 둥근 모서리
③ 잘 다듬어진 모서리   ④ 돌출 입구

해설 돌연 축소 관로에서는 축소된 관의 입구 형상에 따라 부차적 손실계수 값이 크게 변화한다.
따라서, 실험에 의해 돌연 축소 관로의 입구 형상에 따른 부차적 손실계수 K값은 다음과 같다.

유동 형태	K(손실계수)
날카로운 모서리	0.45~0.5
약간 둥근 모서리	0.2~0.25
잘 다듬어진 모서리	0.05
돌출 입구	0.78

25 다음 중 배관의 출구측 형상에 따라 손실계수가 가장 큰 것은?　　　　[20년 4회]

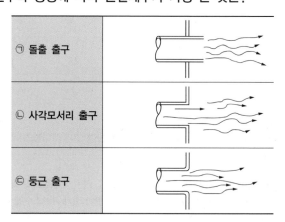

㉠ 돌출 출구	
㉡ 사각모서리 출구	
㉢ 둥근 출구	

① ㉠

② ㉡

③ ㉢

④ 모두 같다.

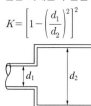

해설　　돌연 확대관의 손실수두(K)

$$K = \left[1 - \left(\frac{d_1}{d_2} \right)^2 \right]^2$$

배관의 직경이 $d_2 \gg d_1$ 이므로 $K \fallingdotseq 1$이다.

∴ 돌연 확대관은 배관출구의 형상에 관계없이 손실계수(K)는 같으며 1에 근접한다.

26 글로브밸브에 의한 손실을 지름이 10[cm]이고 관 마찰계수가 0.025인 관의 길이로 환산하면 상당길이가 40[m]가 된다. 이 밸브의 부차적 손실계수는? [19년 11회]

① 0.25

② 1

③ 2.5

④ 10

해설 부차적 손실계수

$$H_l = f\frac{l}{D}\frac{u^2}{2g} = K\frac{u^2}{2g}, \quad \frac{fl}{D} = K$$

$$L_e = \frac{KD}{f} \quad\quad K = \frac{L_e \times f}{D}$$

여기서, L_e : 관의 상당길이

K : 부차적 손실계수

D : 지름

f : 관 마찰계수

$$\therefore \ K = \frac{L_e \times f}{D} = \frac{40[\text{m}] \times 0.025}{0.1[\text{m}]} = 10$$

27 안지름 10[cm]의 관로에서 마찰손실수두가 속도수두와 같다면 그 관로의 길이는 약 몇 [m]인가?(단, 관마찰계수는 0.03이다) [19년 11회]

① 1.58

② 2.54

③ 3.33

④ 4.52

해설 관로의 길이

$$H_l = f\frac{l}{D}\frac{u^2}{2g} = \frac{u^2}{2g} \ (\text{마찰손실수두와 속도수두는 같다})$$

$$l = \frac{u^2}{2g} \times \frac{2g}{u^2} \times \frac{D}{f}$$

$$l = \frac{D}{f}$$

$$\therefore \ l = \frac{D}{f} = \frac{0.1[\text{m}]}{0.03} \fallingdotseq 3.33[\text{m}]$$

28 파이프 단면적이 2.5배로 급격하게 확대되는 구간을 지난 후의 유속이 1.2[m/s]이다. 부차적 손실계수가 0.36이라면 급격확대로 인한 손실수두는 몇 [m]인가? [18년 4회]

① 0.0264

② 0.0661

③ 0.165

④ 0.331

<blockquote>

해설 단면적 $A_2 = 2.5A_1$, $u_2 = 1.2[\text{m/s}]$, $K = 0.36$

연속의 방정식 $Q = u_1 A_1 = u_2 A_2$

유속 $u_1 = \dfrac{A_2}{A_1} u_2 = \dfrac{2.5A_1}{A_1} \times 1.2[\text{m/s}] = 3[\text{m/s}]$

∴ 확대 관 손실수두 $H = k\dfrac{u_1^2}{2g} = 0.36 \times \dfrac{(3)^2}{2 \times 9.8} = 0.165[\text{m}]$

</blockquote>

**핵심
예제**

29 그림과 같이 매우 큰 탱크에 연결된 길이 100[m], 안지름 20[cm]인 원관에 부차적 손실계수가 5인 밸브 A가 부착되어 있다. 관 입구에서의 부차적 손실계수가 0.5, 관 마찰계수가 0.02이고, 평균속도가 2[m/s]일 때 물의 높이 $H[\text{m}]$는? [20년 3회]

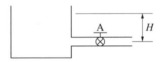

① 1.48

② 2.14

③ 2.81

④ 3.36

<blockquote>

해설
- 관입구 마찰손실수두 $H = K\dfrac{u^2}{2g} = 0.5 \times \dfrac{2^2}{2 \times 9.8} = 0.102$

- 밸브 A의 관상당길이 $L_e = \dfrac{KD}{f} = \dfrac{5 \times 0.2}{0.02} = 50[\text{m}]$

- l 총길이 = 배관길이 + 관상당길이 = 100 + 50 = 150[m]

- 배관의 마찰손실수두 $H = f\dfrac{l}{D}\dfrac{u^2}{2g} = 0.02 \times \dfrac{150}{0.2} \times \dfrac{2^2}{2 \times 9.8} = 3.061$

- 총손실수두 = 0.102 + 3.061 ≒ 3.16[m]

- 물높이 H = 속도수두 + 총손실수두

$$= \dfrac{u^2}{2g} + 3.16$$

$$= \dfrac{2^2}{2 \times 9.8} + 3.16 = 3.36[\text{m}]$$

</blockquote>

28 ③ 29 ④ **정답**

30 외부지름이 30[cm]이고 내부지름이 20[cm]인 길이 10[m]의 환형(Annular)관에 물이 2[m/s]의 평균속도로 흐르고 있다. 이때 손실수두가 1[m]일 때, 수력직경에 기초한 마찰계수는 얼마인가?

[2년 1회]

① 0.049

② 0.054

③ 0.065

④ 0.078

해설

$$R_h = \frac{A}{l} = \frac{\frac{\pi \times (0.3)^2}{4}[m^2] - \frac{\pi \times (0.2)^2}{4}[m^2]}{\pi \times 0.3[m] + \pi \times 0.2[m]}$$

$$= 0.025[m]$$

$$R_h = \frac{D}{4} \quad D = 4R_h = 4 \times 0.025[m] = 0.1[m]$$

환형관지름 0.1[m] 원형관

$$H_l = f \cdot \frac{l}{D} \cdot \frac{u^2}{2g}$$

$$f = \frac{H_l \cdot D \cdot 2g}{l \cdot u^2} = \frac{1[m] \times 0.1[m] \times 2 \times 9.8[m/s]}{10[m] \times 2^2[m/s]^2}$$

$$= 0.049$$

31 3[m/s]의 속도로 물이 흐르고 있는 관로 내에 피토관을 삽입하고, 비중 1.8의 액체를 넣은 시차액주계에서 나타나게 되는 액주차는 약 몇 [m]인가?

[7년 1회]

① 0.191

② 0.573

③ 1.41

④ 2.15

해설 액주차

$$u = \sqrt{2gH\left(\frac{s}{s_w} - 1\right)} \qquad H = \frac{u^2}{2g\left(\frac{s}{s_w} - 1\right)}$$

$$\therefore \text{액주차}(H) = \frac{u^2}{2g\left(\frac{s}{s_w} - 1\right)}$$

$$= \frac{(3[m/s])^2}{2 \times 9.8[m/s^2] \times \left(\frac{1,800[kg/m^3]}{1,000[kg/m^3]} - 1\right)}$$

$$= 0.574[m]$$

32 한 변의 길이가 L인 정사각형 단면의 수력지름(Hydraulic Diameter)은? [18년 1회]

① $\dfrac{L}{4}$

② $\dfrac{L}{2}$

③ L

④ $2L$

해설 정사각형 단면의 수력지름

수력반지름 $R_h = \dfrac{A(\text{단면적})}{P(\text{접수길이})}$ 에서

$R_h = \dfrac{L \times L}{2L + 2L} = \dfrac{L^2}{4L} = \dfrac{L}{4}$

수력지름 $D_h = 4R_h$ 에서 $D_h = 4 \times \dfrac{L}{4} = L$

**핵심
예제**

33 직사각형 단면의 덕트에서 가로와 세로가 각각 a 및 $1.5a$이고, 길이가 l이며, 이 안에서 공기가 V의 평균속도로 흐르고 있다. 이때 손실수두를 구하는 식으로 옳은 것은?(단, f는 이 수력지름에 기초한 마찰계수이고, g는 중력가속도를 의미한다) [17년 2회, 21년 2회]

① $f\dfrac{l}{a}\dfrac{V^2}{2.4g}$

② $f\dfrac{l}{a}\dfrac{V^2}{2g}$

③ $f\dfrac{l}{a}\dfrac{V^2}{1.4g}$

④ $f\dfrac{l}{a}\dfrac{V^2}{g}$

해설 수력반경(수력반지름) $= \dfrac{\text{유동한 면적}}{\text{접수 길이}}$

$R_h = \dfrac{A}{l} = \dfrac{a \times 1.5a}{a + a + 1.5a + 1.5a} = 0.3a$

$D = 4R_h = 4 \times 0.3a = 1.2a$

$\Delta H = f \cdot \dfrac{l}{D} \cdot \dfrac{u^2}{2g}$

$\qquad = f \cdot \dfrac{l}{1.2a} \cdot \dfrac{u^2}{2g}$

$\qquad = \dfrac{flu^2}{2.4ag}$

34 안지름 10[cm]인 수평 원관의 층류유동으로 4[km] 떨어진 곳에 원유(점성계수 0.02[N · s/m²], 비중 0.86)를 0.10[m³/min]의 유량으로 수송하려 할 때 펌프에 필요한 동력[W]은? (단, 펌프의 효율은 100[%]로 가정한다) [21년 2회]

① 76

② 91

③ 10,900

④ 9,100

해설 $d_1 = 0.1$[m] $\qquad Q = Au$

$$S = \frac{\rho_{\text{물질}}}{\rho_{\text{물}}} \qquad u = \frac{Q}{A} = \frac{0.1\frac{[\text{m}^3]}{[\text{min}]} \times \frac{1[\text{min}]}{60[\text{s}]}}{\frac{\pi}{4} \times 0.1^2} = 0.212[\text{m/s}]$$

$$\rho_{\text{물질}} = s\rho_{\text{물}} = 0.86 \times 1,000[\text{kg/m}^3] = 860[\text{kg/m}^3]$$

$$Re = \frac{\rho D u}{\mu} = \frac{860 \times 0.1 \times 0.212}{0.02} = 911.6$$

$$f = \frac{64}{Re} = \frac{64}{911.6} = 0.0702$$

$$\frac{P}{\gamma} = f \cdot \frac{l}{D}\frac{u^2}{2g} \text{에서 } P = f \cdot \frac{l}{D}\frac{\gamma u^2}{2g} \quad (\gamma = \rho g \text{에서 } \rho = \frac{\gamma}{g})$$

$$P = f \cdot \frac{l}{D}\frac{\rho u^2}{2g}$$

$$= 0.0702 \times \frac{4,000}{0.1} \times \frac{860 \times (0.212)^2}{2}$$

$$= 54,267.18336[\text{Pa}]$$

$$54,267.18336[\text{Pa}] \times \left(0.1\frac{[\text{m}^3]}{[\text{min}]} \times \frac{1[\text{min}]}{60[\text{s}]}\right) = 90.45[\text{W}]$$

※ 참 고

$$W = P[\text{W}]t[\text{s}] = F[\text{N}]l[\text{m}]$$
$$= P[\text{W}]t[\text{s}] = P[\text{Pa}] \cdot A[\text{m}^2] \cdot l[\text{m}]$$
$$= P[\text{W}] = \frac{P[\text{Pa}]A[\text{m}^2]l[\text{m}]}{t[\text{s}]} = P[\text{Pa}] \times Q[\text{m}^3/\text{s}]$$

35 관 내에 흐르는 유체의 흐름을 구분하는 데 사용되는 레이놀즈수의 물리적인 의미는?

[18년 1회, 21년 2회]

① 관성력/중력
② 관성력/탄성력
③ 관성력/압축력
④ 관성력/점성력

해설 무차원식의 관계

명 칭	무차원식	물리적 의미
레이놀즈수	$Re = \dfrac{du\rho}{\mu} = \dfrac{du}{\nu}$	$Re = \dfrac{관성력}{점성력}$
오일러수	$Eu = \dfrac{\Delta P}{\rho u^2}$	$Eu = \dfrac{압축력}{관성력}$
웨버수	$We = \dfrac{\rho l u^2}{\sigma}$	$We = \dfrac{관성력}{표면장력}$
코시수	$Ca = \dfrac{\rho u^2}{K}$	$Ca = \dfrac{관성력}{탄성력}$
프루드수	$Fr = \dfrac{u}{\sqrt{gl}}$	$Fr = \dfrac{관성력}{중력}$

36 원관 내에 유체가 흐를 때 유동의 특성을 결정하는 가장 중요한 요소는?   [20년 4회]

① 관성력과 점성력
② 압력과 관성력
③ 중력과 압력
④ 압력과 점성력

해설 관성력과 점성력이 유동의 특성을 결정하는 가장 중요한 요소이다.

37 다음 유체 기계들의 압력 상승이 일반적으로 큰 것부터 순서대로 바르게 나열된 것은?

[19년 4회]

① 압축기(Compressor) - 블로어(Blower) - 팬(Fan)
② 블로어(Blower) - 압축기(Compressor) - 팬(Fan)
③ 팬(Fan) - 블로어(Blower) - 압축기(Compressor)
④ 팬(Fan) - 압축기(Compressor) - 블로어(Blower)

해설 기체의 수송장치
• 압축기(Compressor) : 1[kg$_f$/cm^2] 이상
• 블로어(Blower) : 1,000[mmAq] 이상 1[kg$_f$/cm^2] 미만
• 팬(Fan) : 0~1,000[mmAq] 미만

38 유속 6[m/s]로 정상류의 물이 화살표 방향으로 흐르는 배관에 압력계와 피토계가 설치되어 있다. 이때 압력계의 계기압력이 300[kPa]이었다면 피토계의 계기압력은 약 몇 [kPa]인 가?

[18년 1회, 21년 2회]

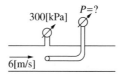

① 180
② 280
③ 318
④ 336

해설 피토게이지 = 전압
전압 = 정압 + 동압
$$H = \frac{u^2}{2g} = \frac{(6[\text{m/s}])^2}{2 \times 9.8[\text{m/s}^2]} = 1.84[\text{m}]$$

$$\frac{1.84[\text{m}]}{10.332[\text{m}]} \times 101.325[\text{kPa}] = 18.04[\text{kPa}]$$

피토게이지압력 = 18.04 + 300 = 318.04[kPa]

39 그림과 같이 기름이 흐르는 관에 오리피스가 설치되어 있고 그 사이의 압력을 측정하기 위해 U자형 차압 액주계가 설치되어 있다. 이때 두 지점 간의 압력차($P_x - P_y$)는 약 몇 [kPa]인가?

[17년 4회]

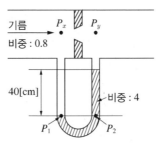

① 28.8

② 15.7

③ 12.5

④ 3.14

해설

$$\Delta P = \frac{g}{g_c} R(\gamma_A - \gamma_B)$$

여기서, R : 마노미터 읽음

γ_A : 액체의 비중

γ_B : 유체의 비중

$$\Delta P = P_x - P_y$$
$$= R(\gamma_A - \gamma_B)$$
$$= 0.4[\text{m}] \times (4,000 - 800)[\text{kg}_\text{f}/\text{m}^3]$$
$$= 1,280[\text{kg}_\text{f}/\text{m}^2]$$

$$\frac{1,280[\text{kg}_\text{f}/\text{m}^2]}{10,332[\text{kg}_\text{f}/\text{m}^2]} \times 101.325[\text{kPa}] = 12.55[\text{kPa}]$$

핵심
예제

40 다음 그림에서 A, B점의 압력차[kPa]는?(단, A는 비중 1의 물, B는 비중 0.899의 벤젠이다)

[20년 1·2회]

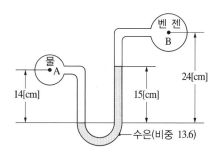

① 278.7

② 191.4

③ 23.07

④ 19.4

해설 $P_A + \gamma_1 H_1 = P_B + \gamma_3 H_3 + \gamma_2 H_2$

$P_A - P_B = \gamma_3 H_3 + \gamma_2 H_2 - \gamma_1 H_1$

$= 0.899 \times 1,000 \times (0.24 - 0.15) + 13.6 \times 1,000 \times 0.15 - 1,000 \times 0.14$

$= 1,980.91 [\mathrm{kg_f/m^2}]$

$\dfrac{1,980.91[\mathrm{kg_f/m^2}]}{10,332[\mathrm{kg_f/m^2}]} \times 101.325[\mathrm{kPa}] = 19.42[\mathrm{kPa}]$

핵심
예제

안심Touch

니 그림에서 $h_1 = 120[\text{mm}]$, $h_2 = 180[\text{mm}]$, $h_3 = 100[\text{mm}]$일 때, A에서의 압력과 B에서의 압력의 차이$(P_A - P_B)$를 구하면?[단, A, B속의 액체는 물이고, 차압액주계에서의 중간 액체는 수은(비중이 13.6)이다]

[18년 1회]

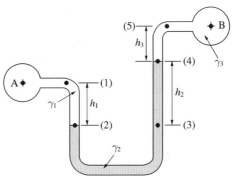

① 20.4[kPa]

② 23.8[kPa]

③ 26.4[kPa]

④ 29.8[kPa]

해설 압력 차이$(P_A - P_B)$

$P_A + \gamma_1 h_1 = P_B + \gamma_2 h_2 + \gamma_3 h_3$

$P_A - P_B = \gamma_2 h_2 + \gamma_3 h_3 - \gamma_1 h_1$

$\qquad = 13.6 \times 9.8[\text{kN/m}^3] \times 0.18[\text{m}] + 9.8[\text{kN/m}^3] \times 0.1[\text{m}] - 9.8[\text{kN/m}^3] \times 0.12[\text{m}]$

$\qquad = 23.8[\text{kN/m}^2] = 23.8[\text{kPa}]$

42 그림과 같은 U자관 차압 액주계에서 A와 B에 있는 유체는 물이고 그 중간에 유체는 수은(비중 13.6)이다. 또한 그림에서 $h_1 = 20[\text{cm}]$, $h_2 = 30[\text{cm}]$, $h_3 = 15[\text{cm}]$일 때 A의 압력(P_A)와 B의 압력(P_B)의 차이($P_A - P_B$)는 약 몇 [kPa]인가? [19년 1회]

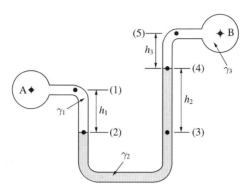

① 35.4

② 39.5

③ 44.7

④ 49.8

해설 압력 차이($P_A - P_B$)

$$P_A - P_B = \gamma_2 h_2 + \gamma_3 h_3 - \gamma_1 h_1$$
$$= (13.6 \times 1{,}000[\text{kg}_\text{f}/\text{m}^3] \times 0.3[\text{m}]) + (1 \times 1{,}000[\text{kg}_\text{f}/\text{m}^3] \times 0.15[\text{m}])$$
$$- (1 \times 1{,}000[\text{kg}_\text{f}/\text{m}^3] \times 0.2[\text{m}])$$
$$= 4{,}030[\text{kg}_\text{f}/\text{m}^2]$$

∴ [kg$_\text{f}$/m²]을 [kPa]로 환산하면

$$\frac{4{,}030[\text{kg}_\text{f}/\text{m}^2]}{10{,}332[\text{kg}_\text{f}/\text{m}^2]} \times 101.325[\text{kPa}] \fallingdotseq 39.52[\text{kPa}]$$

핵심
예제

43 그림과 같이 수은 마노미터를 이용하여 물의 유속을 측정하고자 한다. 마노미터에서 측정한 높이차(h)가 30[mm]일 때 오리피스 전후의 압력[kPa] 차이는?(단, 수은의 비중은 13.6이다)

[20년 3회]

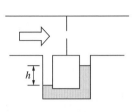

① 3.4 　　　　　　　　　　② 3.7

③ 3.9 　　　　　　　　　　④ 4.4

해설 　수은마노미터

$$\Delta P = P_2 - P_1 = \frac{g}{g_c} h(\gamma_H - \gamma_W)$$

여기서, h : 마노미터 읽음

γ_H : 액체의 비중량

γ_W : 유체의 비중량

$\Delta P = h(\gamma_H - \gamma_W)$

$= 0.03[m] \times (13.6 \times 9.8[kN/m^3] - 9.8[kN/m^3])$

$= 3.7[kN/m^2] = 3.7[kPa]$

※ $\gamma_H = S\gamma_W$

핵심
예제

44 그림의 역U자관 마노미터에서 압력 차($P_x - P_y$)는 약 몇 [Pa]인가?

[19년 4회]

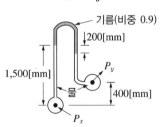

① 3,215 　　　　　　　　　② 4,116

③ 5,045 　　　　　　　　　④ 6,826

해설 　$P_x - \gamma_1 h_1 = P_y - \gamma_2 h_2 - \gamma_1 h_3$

$P_x - P_y = \gamma_1 h_1 - \gamma_2 h_2 - \gamma_1 h_3$

$= 9,800[N/m^3] \times 1.5[m] - 0.9 \times 9,800[N/m^3] \times 0.2[m]$

$- 9,800[N/m^3] \times (1.5 - 0.2 - 0.4)[m]$

$= 4,116[N/m^2] = 4,116[Pa]$

45 그림과 같이 비중이 0.8인 기름이 흐르고 있는 관에 U자관이 설치되어 있다. A점에서의 계기압력이 200[kPa]일 때 높이 h[m]는 얼마인가?(단, U자관 내의 유체의 비중은 13.6 이다)

[20년 4회]

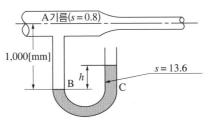

① 1.42
② 1.56
③ 2.43
④ 3.20

해설
$$P_B = P_A + \gamma_1 h_1 = P_A + S_1 \gamma_W h_1$$
$$P_C = \gamma_2 h_2 = S_2 \gamma_W h_2$$
$$P_A + S_1 \gamma_W h_1 = S_2 \gamma_W h_2$$
$$h_2 = \frac{P_A + S_1 \gamma_W h_1}{S_2 \gamma_W}$$
$$= \frac{200[\text{kPa}] + 0.8 \times 9.8[\text{kN/m}^3] \times 1[\text{m}]}{13.6 \times 9.8[\text{kN/m}^3]}$$
$$= 1.559[\text{m}]$$

46 수은이 채워진 U자관에 수은보다 비중이 작은 어떤 액체를 넣었다. 액체기둥의 높이가 10[cm], 수은과 액체의 자유 표면의 높이 차이가 6[cm]일 때 이 액체의 비중은?(단, 수은의 비중은 13.6이다)

[21년 2회]

① 5.44
② 8.16
③ 9.63
④ 10.88

해설

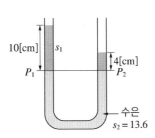

$$P = \gamma h$$
$$\gamma_1 h_1 = \gamma_2 h_2$$
$$\rho_1 g h_1 = \rho_2 g h_2$$
$$\rho_1 h_1 = \rho_2 h_2$$
$$s_1 h_1 = s_2 h_2$$
$$s_1 \times 10 = 13.6 \times 4$$
$$s_1 = 5.44$$

47 그림과 같이 수평면에 대하여 60°기울어진 경사관에 비중 $S = 13.6$인 수은이 채워져 있으며, A와 B에는 물이 채워져 있다. A의 압력이 250[kPa], B의 압력이 200[kPa]일 때 길이 L은 몇 [cm]인가?

[17년 1회]

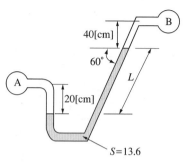

① 33.3

② 38.2

③ 41.6

④ 45.1

해설 $P_1 = P_2$

$P_A + \gamma_1 h_1 = P_B + \gamma_1 h_2 + \gamma_2 h_3$

$250[kPa] + 9.8[kN/m^3] \times 0.2[m] = 200[kPa] + 9.8[kN/m^3] \times 0.4[m] + (13.6 \times 9.8[kN/m^3]) \times h_3$

$h_3 = 0.36[m] = 36[cm]$

$l = \dfrac{36}{\sin 60°} = 41.62[cm]$

48 그림과 같은 거꾸로 된 마노미터에서 물과 기름, 수은이 채워져 있다. $a = 10$[cm], $c = 25$[cm]이고 A의 압력이 B의 압력보다 80[kPa] 작을 때 b의 길이는 약 몇 [cm]인가?(단, 수은의 비중량은 133,100[N/m³], 기름의 비중은 0.9이다) [18년 2회]

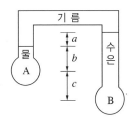

① 17.8

② 27.8

③ 37.8

④ 47.8

해설 b의 길이

$P_A - \gamma_{물}h_b - \gamma_{기름}h_a = P_B - \gamma_{수은}(h_a + h_b + h_c)$ 에서

$P_A - 9,800\left[\dfrac{\text{N}}{\text{m}^3}\right] \times h_b - \left(0.9 \times 9,800\left[\dfrac{\text{N}}{\text{m}^3}\right]\right) \times 0.1[\text{m}] = P_B - 133,100\left[\dfrac{\text{N}}{\text{m}^3}\right] \times (0.1[\text{m}] + h_b + 0.25[\text{m}])$

$P_A - 9,800h_b - 882 = P_B - 46,585 - 133,100h_b$

$-9,800h_b + 133,100h_b = (P_B - P_A) - 46,585 + 882$

$123,300h_b = (80 \times 10^3) - 45,703$

$h_b = \dfrac{34,297}{123,300} = 0.278[\text{m}] = 27.8[\text{cm}]$

핵심
예제

49 그림과 같은 사이펀에서 마찰손실을 무시할 때 사이펀 끝단에서 속도(V)가 4[m/s]이기 위해서는 h가 약 몇 [m]이어야 하는가? [18년 1회]

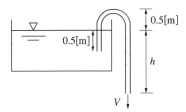

① 0.82[m]

② 0.77[m]

③ 0.72[m]

④ 0.87[m]

해설 $h = \dfrac{u^2}{2g} = \dfrac{4^2}{2 \times 9.8} \fallingdotseq 0.82[\text{m}]$

50 그림과 같은 곡관에 물이 흐르고 있을 때 계기 압력으로 P_1이 98[kPa]이고, P_2가 29.42[kPa]이면 이 곡관을 고정시키는 데 필요한 힘[N]은?(단, 높이차 및 모든 손실은 무시한다)

[20년 4회]

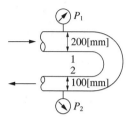

① 4,141

② 4,314

③ 4,565

④ 4,744

해설 $Q_1 = Q_2$, $Z_1 = Z_2$, $D_1 = 2D_2$

$Q = A_1 u_1 = A_2 u_2$

$\dfrac{\pi}{4}(2D_2)^2 u_1 = \dfrac{\pi}{4}D_2^2 u_2$

$u_2 = 4u_1$

$\dfrac{P_1}{\gamma} + \dfrac{u_1^2}{2g} + Z_1 = \dfrac{P_2}{\gamma} + \dfrac{u_2^2}{2g} + Z_2 (\because Z_1 = Z_2)$

$\dfrac{P_1}{\gamma} - \dfrac{P_2}{\gamma} = \dfrac{u_2^2}{2g} - \dfrac{u_1^2}{2g}$

$\dfrac{P_1 - P_2}{\gamma} = \dfrac{(4u_1)^2 - u_1^2}{2g}$

$\dfrac{P_1 - P_2}{\gamma} = \dfrac{15u_1^2}{2g}$

$\dfrac{(98 - 29.42)[\text{kN/m}^2]}{9.8[\text{kN/m}^3]} = \dfrac{15u_1^2}{2 \times 9.8}$

$u_1^2 = 9.144$, $u_1 = 3.02[\text{m/s}]$

$u_2 = 4u_1 = 4 \times 3.02 ≒ 12.08[\text{m}^3/\text{s}]$, $Q = A_1 u_1 = \dfrac{\pi}{4} \times (0.2)^2 \times 3.02 ≒ 0.095[\text{m}^3/\text{s}]$

운동량 방정식

$A_1 P_1 + A_2 P_2 - F = \rho Q(-u_2 - u_1)$

$F = A_1 P_1 + A_2 P_2 - \rho Q(-u_2 - u_1)$

$= \dfrac{\pi}{4} \times (0.2)^2 \times 98 + \dfrac{\pi}{4} \times (0.1)^2 \times 29.42 - 1 \times 0.095(-12.08 - 3.02)$

$≒ 4.473[\text{kN}] ≒ 4,743[\text{N}]$

※ $\gamma = \rho g$

$\rho = \dfrac{\gamma}{g} = \dfrac{m}{V}[\text{kg/m}^3]$

$= \dfrac{9.8\left[\dfrac{\text{kN}}{\text{m}^2}\right]}{9.8\left[\dfrac{\text{m}}{\text{s}^2}\right]} = 1[\text{kN} \cdot \text{s}^2/\text{m}^4]$

51 다음 중 배관의 유량을 측정하는 계측 장치가 아닌 것은? [20년 Ⅰ·2회]

① 로터미터(Rotameter)

② 유동노즐(Flow Nozzle)

③ 마노미터(Manometer)

④ 오리피스(Orifice)

> **해설** 마노미터 : 압력측정 장치

52 부자(Float)의 오르내림에 의해서 배관 내의 유량을 측정하는 기구의 명칭은? [18년 Ⅱ회]

① 피토관(Pitot Tube)

② 로터미터(Rotameter)

③ 오리피스(Orifice)

④ 벤투리미터(Venturi Meter)

> **해설** 로터미터(Rotameter) : 부자(Float)의 오르내림에 의해서 배관 내의 유량을 측정하는 기구

핵심
예제

53 관 내에 물이 흐르고 있을 때, 그림과 같이 액주계를 설치하였다. 관 내에서 물의 유속은 약 몇 [m/s]인가? [18년 Ⅱ회]

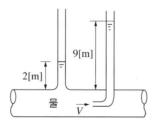

① 2.6

② 7

③ 11.7

④ 137.2

> **해설** 유 속
>
> $$u = \sqrt{2gH}$$
>
> 여기서, g : 중력가속도(9.8[m/s²])
>
> H : 양정[m]
>
> $$\therefore\ u = \sqrt{2gH} = \sqrt{2 \times 9.8 \times (9-2)[\text{m}]} = 11.71[\text{m}]$$

54 그림과 같이 물이 들어있는 아주 큰 탱크에 사이펀이 장치되어 있다. 출구에서의 속도 V와 관의 상부 중심 A지점에서의 게이지 압력 P_A를 구하는 식은?(단, g는 중력가속도, ρ는 물의 밀도이며, 관의 직경은 일정하고 모든 손실은 무시한다)

[19년 2회]

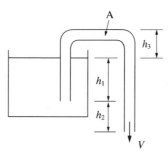

① $V = \sqrt{2g(h_1 + h_2)}$, $P_A = -\rho g h_3$

② $V = \sqrt{2g(h_1 + h_2)}$, $P_A = -\rho g(h_1 + h_2 + h_3)$

③ $V = \sqrt{2g\,h_2}$, $P_A = -\rho g(h_1 + h_2 + h_3)$

④ $V = \sqrt{2g(h_1 + h_2)}$, $P_A = \rho g(h_1 + h_2 - h_3)$

해설
- 유속 $V = \sqrt{2gH}$
  $\quad = \sqrt{2g(h_1 + h_2)}$
- 압력 $P_A = -\gamma H$
  $\quad\quad = -\rho g(h_1 + h_2 + h_3)$

55 피토관을 사용하여 일정 속도로 흐르고 있는 물의 유속(V)을 측정하기 위해 그림과 같이 비중 S인 유체를 갖는 액주계를 설치하였다. $S=2$일 때 액주 높이 차이가 $H=h$가 되면 $S=3$일 때 액주의 높이 차(H)는 얼마가 되는가?

[19년 2회]

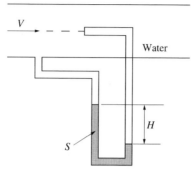

① $\dfrac{h}{9}$　　　　　　　　　② $\dfrac{h}{\sqrt{3}}$

③ $\dfrac{h}{3}$　　　　　　　　　④ $\dfrac{h}{2}$

해설　시차액주계의 유속

$$V=\sqrt{2gH\left(\frac{S}{S_w}-1\right)}$$

• 비중 $S=2$일 때 유속

$$V_1=\sqrt{2gH\left(\frac{2}{1}-1\right)}=\sqrt{2gH}=\sqrt{2gh}$$

• 비중 $S=3$일 때 유속

$$V_2=\sqrt{2gH\left(\frac{3}{1}-1\right)}=\sqrt{4gH}$$

∴ 유속 $V_1=V_2$

$\sqrt{2gh}=\sqrt{4gH}$에서 양변을 제곱하면

$4gH=2gh$에서

액주의 높이 차 $H=\dfrac{2g}{4g}h=\dfrac{1}{2}h$

56 뉴턴(Newton)의 점성법칙을 이용한 회전원통식 점도계는? [17년 2회]

① 세이볼트 점도계

② 오스트발트 점도계

③ 레드우드 점도계

④ 스토머 점도계

> **해설** 점도계
> • 맥마이클(MacMichael) 점도계, 스토머(Stormer) 점도계 : 뉴턴(Newton)의 점성법칙
> • 오스트발트(Ostwald) 점도계, 세이볼트(Saybolt) 점도계 : 하겐-포아젤 법칙
> • 낙구식 점도계 : 스토크스 법칙

핵심
예제

57 낙구식 점도계는 어떤 법칙을 이론적 근거로 하는가? [19년 1회]

① Stokes의 법칙

② 열역학 제1법칙

③ Hagen-Poiseuille의 법칙

④ Boyle의 법칙

> **해설** 56번 해설 참조

58 다음 중 Stokes의 법칙과 관계되는 점도계는? [19년 4회]

① Ostwald 점도계

② 낙구식 점도계

③ Saybolt 점도계

④ 회전식 점도계

> **해설** 56번 해설 참조

59 다음 중 뉴턴(Newton)의 점성법칙을 이용하여 만든 회전 원통식 점도계는? [20년 3회]

① 세이볼트(Saybolt) 점도계

② 오스트발트(Ostwald) 점도계

③ 레드우드(Redwood) 점도계

④ 맥마이클(MacMchael) 점도계

해설 맥마이클(MacMichael) 점도계, 스토머(Stormer) 점도계 : 뉴턴(Newton)의 점성법칙

핵심
예제

안심Touch

CHAPTER 04 유체의 배관 및 펌프

1 배관(Pipe, Tube)

(1) 스케줄수

스케줄수는 관의 두께를 표시하는 것으로 클수록 배관의 관은 두껍다. 주로 소화설비의 배관에서는 고압의 경우 스케줄 No 80, 저압의 경우는 40 이상의 것을 사용하고 아연도금처리가 된 것을 사용하여야 한다.

$$\text{Schedule No} = \frac{\text{내부 작용압력}[kg/m^2]}{\text{재료의 허용 능력}[kg/m^2]} \times 1,000$$

$$\text{재료의 허용응력} = \frac{\text{인장강도}}{\text{안전율}}$$

(2) 강관의 표시방법

① 배관용 탄소강강관(흑관은 백색, 백관은 녹색으로 표시)

상표 | 한국공업규격 표시기호 | — SPP — E — 50A — 2021 — 10
관종류 제조방법 호칭방법 제조년월일

② 수도용 아연도금강관

적색으로 표시

합격표시 | 상표 | 한국공업규격 표시기호 | — SPPW — E — 40 — 2021 — 10
관종류 제조방법 호칭방법 제조년월일

③ 압력배관용 탄소강관

상표 한국공업규격 표시기호 관종류 제조방법 — SPPS — S — H — 2021'10 — 150A ~ SCH40 ~ 6
제조년월일 호칭방법 스케줄번호 길이

2 관 부속품(Pipe Fitting)

(1) 두 개의 관을 연결할 때

① 관을 고정하면서 연결 : 플랜지(Flange), 유니언(Union)
② 관을 회전하면서 연결 : 니플(Nipple), 소켓(Socket), 커플링(Coupling)

(2) 관선의 직경을 바꿀 때

리듀서(Reducer), 부싱(Bushing)

(3) 관선의 방향을 바꿀 때

엘보(Elbow), Y자관, 티(Tee), 십자(Cross)

(4) 유로(관선)를 차단할 때

플러그(Plug), 캡(Cap), 밸브(Valve)

(5) 지선을 연결할 때

티(Tee), Y자관, 십자(Cross)

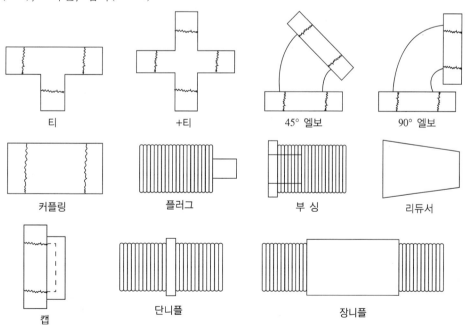

| 티 | +티 | 45° 엘보 | 90° 엘보 |

| 커플링 | 플러그 | 부 싱 | 리듀서 |

| 캡 | 단니플 | 장니플 |

[관 부속품]

3 배관공구

(1) 강관용 배관공구

① 쇠톱 : 관절단 공구
② 파이프리머(Pipe Reamer) : 관절단 후 거칠어진 면을 매끄럽게 할 때 사용
③ 파이프커터(Pipe Cutter) : 관절단 공구
④ 파이프렌치(Pipe Wrench) : 관 부속품을 풀거나 조일 때 사용
⑤ 파이프바이스(Pipe Vice) : 관을 고정시키고 작업할 때 사용
⑥ 나사절삭기(Die Stock) : 관에 나사를 낼 때 사용(오스티형, 리이드형)

(2) 동관용 배관공구

① 토치램프(Torch Lamp) : 이음, 구부리기의 국소 부분 가열 시 사용
② 사이징툴(Sizing Tool) : 동관의 접합 시 정확한 원형으로 교정하는 데 사용
③ 튜브벤더(Tube Bender) : 동관 벤딩 시 사용, 동관 구부릴 때 사용하는 공구
④ 플레어링툴셋(Flaring Tool Set) : 동관 압축 이음 시 나팔모양으로 만들때 사용
⑤ 익스팬더(Expander) : 동관 끝 확장용
⑥ 튜브커터(Tube Cutter) : 동관 절단 시 사용(보통 20[mm] 이하 절단에 사용)

4 배관의 이음

(1) 강관의 이음

① 나사이음 : 50[mm] 이하의 배관에 주로 사용
② 용접이음
　　㉠ 전기용접 : 가스용접에 비해 용접속도가 빨라 변형이 적어 두껍고 굵은 관의 맞대기이음, 플랜지이음, 슬리브이음에 사용한다.
　　㉡ 가스용접 : 용접속도가 느리고 변형의 발생이 커서 얇고 가는 관의 용접에 사용한다.
③ 플랜지이음 : 배관 중간에 설치한 밸브류, 펌프 등 기기해체 및 교환을 필요로 하는 곳에 사용하며, 나사에 의한 이음(50[mm] 이하), 용접에 의한 이음(65[mm] 이상)으로 구분한다.

(2) 동관의 이음

① 플레어이음 : 20[mm] 이하의 동관 이음 시, 분해할 때 사용한다.
② 연납이음 : 모세관현상을 이용

③ 경납이음 : 산소－아세틸렌용접, 산소－수소용접으로 동관을 연결하여, 접합부의 전해
작용에 의한 부식작용을 방지할 수 있다.

(3) 주철관의 이음

① 기계식 이음(Mechanical Joint) : 고무링 등을 압륜으로 하여 볼트로 체결한 것으로
소켓이음과 플랜지이음의 특징을 채택한 것

② 플랜지이음(Flange Joint) : 배관이음 부분에 패킹제(고무, 납, 석면)를 삽입하고 볼트로
체결하는 것

③ 소켓이음(Socket Joint) : 배관의 허브(Hub)에 스피고트(Spigot)를 삽입 후 먼저 마를
꼬아 삽입하고 끓인 납을 부어 얇은 정에서 굵은 정의 순서로 코킹한다.

④ 빅토릭이음(Victoric Joint) : 영국에서 최초로 개발한 방법으로 압력이 증가할수록 고무
링이 배관벽에 더욱더 밀착되어 Leak(누수)가 되지 않는 장점이 있다. 고무링과 금속제
칼라로 이음을 한다.

⑤ 타이톤이음(Tyton Joint) : 고무링의 삽입구가 약간 경사가 되어 있는 고무링 삽입이
쉽고 소켓 안쪽에 있는 홈에 고무링을 고정시키는 것이다. 즉, 원형상태의 고무링으로
이음을 하는 방법이다.

5 펌프의 종류

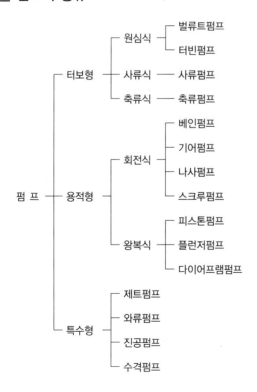

(1) 원심펌프(Centrifugal Pump)

날개의 회전자(Impeller)에 의한 원심력에 의하여 압력의 변화를 일으켜 유체를 수송하는 펌프

① 원심펌프의 분류

    ㉠ 안내깃에 의한 분류

- 벌류트펌프(Voulte Pump)
  - 회전자(Impeller) 주위에 안내깃이 없고, 바깥둘레에 바로 접하여 와류실이 있는 펌프
  - 양정이 낮고 양수량이 많은 곳에 사용한다.
- 터빈펌프(Turbine Pump)
  - 회전자(Impeller)의 바깥둘레에 안내깃이 있는 펌프
  - 원심력에 의한 속도에너지를 안내날개(안내깃)에 의해 압력에너지로 바꾸어 주기 때문에 양정이 높은 곳, 즉 방출압력이 높은 곳에 적절하다.

    ㉡ 흡입에 의한 분류

- 단흡입펌프(Single Suction Pump) : 회전자의 한쪽에서만 유체를 흡입하는 펌프
- 양흡입펌프(Double Suction Pump) : 회전자의 양쪽에서 유체를 흡입하는 펌프

② 원심펌프의 전효율

$$효율\ \eta = \frac{출}{입} = \frac{입 - 손}{입} \times 100[\%]$$

$$\eta = 수력효율 \times 기계효율 \times 체적효율$$

$$수력효율(양정) = \frac{실제양정}{이론양정} = \frac{이론양정 - 손실양정}{이론양정}$$

$$기계효율 = \frac{실제\ 일을\ 한\ 동력}{공급된\ 동력} = \frac{공급된\ 동력 - 손실동력}{공급된\ 동력}$$

$$체적(부피)효율 = \frac{토출유량}{흡입유량} = \frac{흡입유량 - 누설유량}{흡입유량}$$

(2) 왕복펌프

실린더에는 피스톤, 플랜지 등 왕복직선운동에 의해 실린더 내를 진공으로 하여 액체를 흡입하여 소요압력을 가함으로써 액체의 정압력 에너지를 공급하여 수송하는 펌프

① 피스톤의 형상에 의한 분류

    ㉠ 피스톤펌프(Piston Pump) : 저압의 경우에 사용

    ㉡ 플런저펌프(Plunger Pump) : 고압의 경우에 사용

② 실린더 개수에 의한 분류

　ㄱ 단식펌프

　ㄴ 복식펌프

[왕복펌프와 원심펌프의 특징]

항목　　　　　종류	왕복펌프	원심펌프
구 분	피스톤펌프, 플런저펌프	벌류트펌프, 터빈펌프
구 조	복 잡	간 단
수송량	적 다	크 다
배출속도	불연속적	연속적
양정거리	크 다	작 다
운전속도	저 속	고 속

(3) 축류펌프

회전자(Impeller)의 날개를 회전시킴으로써 발생하는 힘에 의하여 압력에너지를 속도에너지로 변화시켜 유체를 수송하는 펌프

① 비속도가 크다.

② 형태가 작기 때문에 값이 싸다.

③ 설치면적이 적고 기초공사가 용이하다.

④ 구조가 간단하다.

(4) 회전펌프(로터리 펌프)

회전자를 이용하여 흡입송출밸브 없이 유체를 수송하는 펌프로서 기어펌프, 베인펌프, 나사펌프, 스크루펌프가 있다.

① 기어펌프(Gear Pump)

　ㄱ 구조간단, 가격이 저렴하다.

　ㄴ 운전보수가 용이하다.

　ㄷ 왕복펌프에 비해 고속운전이 가능하다.

　ㄹ 입, 출구의 밸브를 설치할 필요가 없다.

② 베인펌프(Vane Pump)

베인(Vane)이 원심력 또는 스프링의 장력에 의하여 벽에 밀착되면서 회전하여 유체를 수송하는 펌프

> 베인펌프 : 회전속도 범위가 가장 넓고, 효율이 가장 높은 펌프

③ 나사펌프(Screw Pump)

나사봉의 회전에 의하여 유체를 수송하는 펌프

6 펌프의 성능

펌프 2대 연결 방법		직렬 연결	병렬 연결
성 능	유량(Q)	Q	$2Q$
	양정(H)	$2H$	H

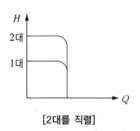

[2대를 직렬]

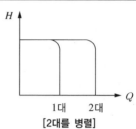

[2대를 병렬]

※ 양정 : 흡입양정, 토출양정, 실양정
- 실양정 = 흡입양정 + 토출양정
- 전양정 = 실양정 + 배관부속품의 마찰손실수두 + 직관의 마찰손실수두

7 송수 펌프의 동력

(1) 전동기의 용량

① 유량 [m³/min]인 경우

$$P[\text{kW}] = \frac{0.163 \times Q \times H}{\eta} \times K$$

여기서, 0.163 : 1,000 ÷ 60 ÷ 102

      Q : 유량[m³/min]

      H : 전양정[m]

      K : 전달계수(여유율)

      η : 펌프효율

② 유량 [m³/s]인 경우

$$P[\text{kW}] = \frac{\gamma \times Q \times H}{102 \times \eta} \times K$$

여기서, γ : 물의 비중량(1,000[kg$_\text{f}$/m³])

      Q : 유량[m³/s]

(2) 내연기관의 용량

$$P[\text{kW}] = \frac{\gamma QHK}{102\eta} = \frac{9.8\,QHK}{\eta}$$

여기서, γ : 물의 비중량($1{,}000[\text{kg}_f/\text{m}^3]$)

$\quad\ Q$: 유량$[\text{m}^3/\text{s}]$

$\quad\ \eta$: 펌프 효율(만약 모터의 효율이 주어지면 나누어준다)

$\quad\ H$: 전양정

• 옥내소화전 $H = h_1 + h_2 + h_3 + 17$

• 옥외소화전 $H = h_1 + h_2 + h_3 + 25$

• 스프링클러설비 $H = h_1 + h_2 + 10$

$\quad\ K$: 전동기 전달계수

동력의 형식	전달계수(K)의 수치
전동기	1.1
전동기 이외의 것	1.15~1.2

[참 고]
• $1[\text{HP}] = 76[\text{kg}_f \cdot \text{m/s}]$
• $1[\text{PS}] = 75[\text{kg}_f \cdot \text{m/s}]$
• $1[\text{kW}] = 102[\text{kg}_f \cdot \text{m/s}]$

$\therefore\ 1[\text{kW}] = \dfrac{102}{76} = 1.34[\text{HP}] \qquad 1[\text{HP}] = \dfrac{76}{102} = 0.745[\text{kW}]$

(3) 펌프의 수동력

펌프 내의 Impeller의 회전자에 의해 펌프를 통과하는 유체에 주어지는 동력

$$L_w = \frac{\gamma QH}{102}[\text{kW}] = 9.8\,QH$$

여기서, L_w : 수동력

$\quad\ \gamma$: 유체의 비중량 $1{,}000[\text{kg}_f/\text{m}^3]$

$\quad\ Q$: 유량$[\text{m}^3/\text{s}]$

$\quad\ H$: 전양정$[\text{m}]$

(4) 펌프의 축동력

외부에 있는 전동기로부터 펌프의 회전자를 구동하는 데 필요한 동력

$$축동력 \ L_s = \frac{\gamma QH}{102 \times \eta}[\mathrm{kW}] = \frac{9.8QH}{\eta}$$

여기서, L_s : 축동력

γ : 유체의 비중량 $1{,}000[\mathrm{kg_f/m^3}]$

Q : 유량$[\mathrm{m^3/s}]$

H : 전양정$[\mathrm{m}]$

η : 효율

8 비교회전도(Specific Speed)

단위유량 $[\mathrm{m^3/min}]$에서 단위양정 1$[\mathrm{m}]$을 나오게 하는 데 필요한 회전수

$$N_S = \frac{N \cdot Q^{1/2}}{\left(\dfrac{H}{n}\right)^{3/4}}$$

여기서, N : 회전수(비속도)$[\mathrm{rpm}]$

Q : 유량$[\mathrm{m^3/min}]$

H : 양정$[\mathrm{m}]$

n : 단수(양정이 높을수록 단수가 크다)

※ N_S 크면 → 대유량·저양정, N_S 작으면 → 저유량·고양정

9 펌프의 상사법칙

① 유량 $\quad Q_2 = Q_1 \times \dfrac{N_2}{N_1} \times \left(\dfrac{D_2}{D_1}\right)^3$

② 전양정 $H_2 = H_1 \times \left(\dfrac{N_2}{N_1}\right)^2 \times \left(\dfrac{D_2}{D_1}\right)^2$

③ 동력 $\quad P_2 = P_1 \times \left(\dfrac{N_2}{N_1}\right)^3 \times \left(\dfrac{D_2}{D_1}\right)^5$

여기서, N : 회전수$[\mathrm{rpm}]$

D : 내경$[\mathrm{mm}]$

10 흡입양정(NPSH)

(1) 유효흡입양정(NPSH$_{av}$; Available Net Positive Suction Head)

펌프를 설치하여 사용할 때 펌프 자체와는 무관하게 흡입측 배관 또는 시스템에 의하여 결정되는 양정이다. 유효흡입양정은 펌프 흡입구 중심으로 유입되는 압력을 절대압력으로 나타낸다.

① 흡입 NPSH(부압수조방식, 수면이 펌프 중심보다 낮을 경우)

$$\text{유효 NPSH} = H_a - H_p - H_s - H_L$$

여기서, H_a : 대기압수두[m]

H_p : 포화수증기압수두[m]

H_s : 흡입실양정[m]

H_L : 흡입측배관 내의 마찰손실수두[m]

② 압입 NPSH(정압수조방식, 수면이 펌프 중심보다 높을 경우)

$$\text{유효 NPSH} = H_a - H_p + H_s - H_L$$

(2) 필요흡입양정(NPSH$_{re}$; Required Net Positive Suction Head)

펌프의 형식에 의하여 결정되는 양정으로 펌프를 운전할 때 공동현상을 일으키지 않고 정상 운전에 필요한 흡입양정이다.

① 비속도에 의한 양정

$$N_s = \frac{N\sqrt{Q}}{\left(\dfrac{H}{n}\right)^{3/4}} \qquad H(\text{필요흡입양정}) = \left(\frac{N\sqrt{Q}}{N_s}\right)^{\frac{4}{3}}$$

② Thoma의 캐비테이션 계수 이용법

$$\text{NPSH}_{re} = \sigma \times H$$

여기서, σ : 캐비테이션 계수

H : 펌프의 전양정[m]

(3) NPSH$_{av}$와 NPSH$_{re}$ 관계식

① 설계조건 : NPSH$_{av}$ ≧ NPSH$_{re}$ × 1.3

② 공동현상이 발생하는 조건 : NPSH$_{av}$ < NPSH$_{re}$

③ 공동현상이 발생되지 않는 조건 : NPSH$_{av}$ > NPSH$_{re}$

11 배관 1[m]당 압력손실

Hazen − William's 방정식

$$\Delta P_m = 6.053 \times 10^4 \times \frac{Q^{1.85}}{C^{1.85} \times d^{4.87}}$$

여기서, ΔP_m : 배관 1[m]당 압력손실[MPa · m]

d : 관의 내경[mm]

Q : 관의 유량[L/min]

C : 조도[Roughness]

$\Delta P_m = 6.174 \times 10^5 \times \dfrac{Q^{1.85}}{C^{1.85} \times d^{4.87}}$ [kg$_f$/cm^2]

[참 고]

설 비 \ 배 관	주철관	흑 관	백 관	동 관
습식 스프링클러설비	100	120	120	150
건식 스프링클러설비	100	100	120	150
준비작동식 스프링클러설비	100	100	120	150
일제살수식 스프링클러설비	100	100	120	150

12 펌프의 압축비와 단수 계산식

$$압축비\ r = \sqrt[\varepsilon]{\frac{p_2}{p_1}}$$

여기서, ε : 단수

p_1 : 최초의 압력

p_2 : 최종의 압력

13 펌프에서 발생하는 현상

(1) 공동현상(Cavitation)

펌프의 흡입측 배관 내에서 발생하는 것으로 배관 내의 수온상승으로 물이 수증기로 변화하여 물이 펌프로 흡입되지 않는 현상

① 공동현상의 발생원인
  - ㉠ 펌프의 흡입측 수두가 클 때
  - ㉡ 펌프의 마찰손실이 클 때
  - ㉢ 펌프의 Impeller 속도가 클 때
  - ㉣ 펌프의 흡입관경이 적을 때
  - ㉤ 펌프 설치위치가 수원보다 높을 때
  - ㉥ 관 내의 유체가 고온일 때
  - ㉦ 펌프의 흡입압력이 유체의 증기압보다 낮을 때

② 공동현상의 발생현상
  - ㉠ 소음과 진동 발생
  - ㉡ 관의 부식
  - ㉢ Impeller의 손상
  - ㉣ 펌프의 성능저하(토출량, 양정, 효율감소)

③ 공동현상의 방지대책
  - ㉠ 펌프의 흡입측 수두, 마찰손실을 적게 한다.
  - ㉡ 펌프 Impeller 속도를 적게 한다.
  - ㉢ 펌프 흡입관경을 크게 한다.
  - ㉣ 펌프 설치위치를 수원보다 낮게 하여야 한다.
  - ㉤ 펌프 흡입압력을 유체의 증기압보다 높게 한다.
  - ㉥ 양흡입펌프를 사용하여야 한다.
  - ㉦ 양흡입펌프로 부족 시 펌프를 2대로 나눈다.

(2) 수격현상(Water Hammering)

유체가 유동하고 있을 때 정전 혹은 밸브를 차단할 경우 유체가 감속되어 운동에너지가 압력에너지로 변하여 유체 내의 고압이 발생하고 유속이 급변화하면서 압력 변화를 가져와 관로의 벽면을 타격하는 현상

① 수격현상의 발생원인
  - ㉠ 펌프의 운전 중에 정전에 의해서
  - ㉡ 펌프의 정상 운전 시 액체의 압력변동이 생길 때

② 수격현상의 방지대책

　　㉠ 관로의 관경을 크게 하고 유속을 낮게 하여야 한다.

　　㉡ 압력강하의 경우 Fly Wheel을 설치하여야 한다.

　　㉢ 조압수조(Surge Tank) 또는 수격방지기(Water Hammering Cushion)를 설치하여야 한다.

　　㉣ 펌프 송출구 가까이 송출밸브를 설치하여 압력상승 시 압력을 제어하여야 한다.

(3) 맥동현상(Surging)

펌프의 입구와 출구에 부착된 진공계와 압력계의 침이 흔들리고 동시에 토출유량이 변화를 가져오는 현상

① 맥동현상의 발생원인

　　㉠ 펌프의 양정곡선($Q-H$) 산(山) 모양의 곡선으로 상승부에서 운전하는 경우

　　㉡ 유량조절밸브가 배관 중 수조의 위치 후방에 있을 때

　　㉢ 배관 중에 수조가 있을 때

　　㉣ 배관 중에 기체상태의 부분이 있을 때

　　㉤ 운전 중인 펌프를 정지할 때

② 맥동현상의 방지대책

　　㉠ 펌프 내의 양수량을 증가시키거나 Impeller의 회전수를 변화시킨다.

　　㉡ 관로 내의 잔류공기 제거하고 관로의 단면적 유속·저장을 조절한다.

01 펌프에 의하여 유체에 실제로 주어지는 동력은?(단, L_w는 동력[kW], γ는 물의 비중량 [N/m^3], Q는 토출량[m^3/min], H는 전양정[m], g는 중력가속도[m/s^2]이다) [18년 1회]

① $L_w = \dfrac{\gamma QH}{102 \times 60}$

② $L_w = \dfrac{\gamma QH}{1{,}000 \times 60}$

③ $L_w = \dfrac{\gamma QHg}{102 \times 60}$

④ $L_w = \dfrac{\gamma QHg}{1{,}000 \times 60}$

해설 전동기 용량

$$P[\text{kW}] = \frac{\gamma \times Q \times H}{102 \times \eta} \times K$$

여기서, γ : 물의 비중량[kg$_f$/m^3] $\quad$ Q : 방수량[m^3/s]
$\qquad\quad$ H : 펌프의 양정[m] $\qquad\quad$ K : 전달계수(여유율)
$\qquad\quad$ η : 펌프의 효율

$$P[\text{kW}] = \frac{\gamma \times Q \times H}{102 \times 9.8 \times 60 \times \eta} \times K = \frac{\gamma \times Q \times H}{1{,}000 \times 60 \times \eta} \times K$$

여기서, γ : 물의 비중량[N/m^3](1[kg$_f$] = 9.8[N])
$\qquad\quad$ Q : 방수량[m^3/min] $\qquad\quad$ H : 펌프의 양정[m]
$\qquad\quad$ K : 전달계수(여유율) $\qquad\quad$ η : 펌프의 효율

$$P[\text{kW}] = \frac{0.163 \times Q \times H}{\eta} \times K$$

여기서, $0.163 = \dfrac{1{,}000}{102 \times 60}$

$\qquad\quad$ Q : 방수량[m^3/min] $\qquad\quad$ H : 펌프의 양정[m]
$\qquad\quad$ K : 전달계수(여유율) $\qquad\quad$ η : 펌프의 효율

• 축동력 : 전달계수를 무시하는 동력

$$P[\text{kW}] = \frac{\gamma \times Q \times H}{102 \times \eta}$$

여기서, γ : 물의 비중량(1,000[kg$_f$/m^3])
$\qquad\quad$ Q : 방수량[m^3/s]
$\qquad\quad$ H : 펌프의 양정[m]
$\qquad\quad$ η : 펌프의 효율

• 수동력 : 전달계수와 펌프의 효율을 무시하는 동력

$$P[\text{kW}] = \frac{\gamma \times Q \times H}{102}$$

여기서, γ : 물의 비중량([1,000[kg$_f$/m^3])
$\qquad\quad$ Q : 방수량[m^3/s]
$\qquad\quad$ H : 펌프의 양정[m]

02 성능이 같은 3대의 펌프를 병렬로 연결하였을 경우 양정과 유량은 얼마인가?(단, 펌프 1대에서 유량은 Q, 양정은 H라고 한다) [18년 1회]

① 유량은 $9Q$, 양정은 H

② 유량은 $9Q$, 양정은 $3H$

③ 유량은 $3Q$, 양정은 $3H$

④ 유량은 $3Q$, 양정은 H

해설 펌프의 성능

펌프 3대 연결 방법		직렬연결	병렬연결
성 능	유량(Q)	Q	$3Q$
	양정(H)	$3H$	H

03 다음 중 펌프를 직렬운전해야 할 상황으로 가장 적절한 것은? [17년 1회]

① 유량이 변화가 크고 1대로는 유량이 부족할 때

② 소요되는 양정이 일정하지 않고 크게 변동될 때

③ 펌프에 패입 현상이 발생할 때

④ 펌프에 무구속 속도(Run Away Speed)가 나타날 때

해설 소요되는 양정이 일정하지 않고 크게 변동될 때 병렬보다는 직렬운전이 적절하다.

2 ④ 3 ② 정답

04 펌프의 입구에서 진공계의 압력은 −160[mmHg], 출구에서 압력계의 계기압력은 300[kPa], 송출 유량은 10[m³/min]일 때 펌프의 수동력[kW]은?(단, 진공계와 압력계 사이의 수직거리는 2[m]이고, 흡입관과 송출관의 직경은 같으며, 손실은 무시한다) [20년 1·2회]

① 5.7

② 56.8

③ 557

④ 3,400

해설 수동력 : 전달계수와 펌프의 효율을 무시하는 동력

$$P[\text{kW}] = \frac{\gamma \times Q \times H}{102}$$

여기서, γ : 물의 비중량(1,000[kg_f/m³])

Q : 방수량(10[m³]/60[s])

H : 펌프의 양정

$$\left[\left(\frac{160[\text{mmHg}]}{760[\text{mmHg}]} \times 10.332[\text{m}] \right) + \left(\frac{300[\text{kPa}]}{101.325[\text{kPa}]} \times 10.332[\text{m}] \right) + 2[\text{m}] = 34.765[\text{m}] \right]$$

∴ 수동력 $P[\text{kW}] = \dfrac{1,000 \times 10[\text{m}^3]/60[\text{s}] \times 34.765[\text{m}]}{102} = 56.81[\text{kW}]$

05 펌프를 이용하여 10[m] 높이 위에 있는 물탱크로 유량 0.3[m³/min]의 물을 퍼올리려고 한다. 관로 내 마찰손실수두가 3.8[m]이고, 펌프의 효율이 85[%]일 때 펌프에 공급해야 하는 동력은 약 몇 [W]인가? [18년 4회]

① 128

② 796

③ 677

④ 219

해설 동 력

$$P[\text{kW}] = \frac{\gamma \times Q \times H}{102 \times \eta}$$

여기서, γ : 물의 비중량(1,000[kg_f/m³])

Q : 유량[m³/s]

H : 전양정(10 + 3.8 = 13.8[m])

η : 펌프효율(0.85)

$$P = \frac{\gamma Q H}{102\eta} = \frac{1,000 \times 0.3/60 \times 13.8}{102 \times 0.85} = 0.796[\text{kW}] = 796[\text{W}]$$

06 전양정이 60[m], 유량이 6[m³/min], 효율이 60[%]인 펌프를 작동시키는 데 필요한 동력 [kW]은? [19년 4회]

① 44

② 60

③ 98

④ 117

해설

$$P = \frac{\gamma QH}{102\eta}$$

$$= \frac{1,000 \times 6/60 \times 60}{102 \times 0.6}$$

$$= 98[kW]$$

핵심
예제

07 펌프 중심선으로부터 2[m] 아래에 있는 물을 펌프 중심으로부터 15[m] 위에 있는 송출 수면 으로 양수하려 한다. 관로의 전 손실수두가 6[m]이고, 송출수량이 1[m³/min]라면 필요한 펌프의 동력은 약 몇 [W]인가? [19년 1회]

① 2,777

② 3,103

③ 3,430

④ 3,766

해설 동 력

$$P[kW] = \frac{\gamma QH}{102 \times \eta} \times K$$

• 비중량 $\gamma = 1,000[kg_f/m^3]$

• 유량 $Q = 1[m^3/min] = 1[m^3]/60[s] \fallingdotseq 0.0167[m^3/s]$

• 전양정 $H = 2[m] + 15[m] + 6[m] = 23[m]$

$$\therefore P[kW] = \frac{\gamma QH}{102 \times \eta} \times K$$

$$= \frac{1,000 \times 0.0167 \times 23}{102 \times 1}$$

$$\fallingdotseq 3.7657[kW]$$

$$= 3,766[W]$$

08 전양정 80[m], 토출량 500[L/min]인 물을 사용하는 소화펌프가 있다. 펌프효율 65[%], 전달계수(K) 1.1인 경우 필요한 전동기의 최소동력은 약 몇 [kW]인가? [17년 내회, 21년 2회]

① 9

② 11

③ 13

④ 15

해설

$$P[\text{kW}] = \frac{0.163 KQ[\text{m}^3/\text{min}] \times H[\text{m}]}{\eta}$$

$$= \frac{0.163 \times 1.1 \times 0.5 \times 80}{0.65} = 11.03[\text{kW}]$$

$$Q = 500[\text{L/min}] = 0.5[\text{m}^3/\text{min}]$$

※ 1,000[L] = 1[m³]

09 토출량이 0.65[m³/min]인 펌프를 사용하는 경우 펌프의 소요 축동력[kW]은?(단, 전양정은 40[m]이고, 펌프의 효율은 50[%]이다) [21년 1회]

① 4.2

② 8.5

③ 17.2

④ 50.9

해설 축동력

$$P = \frac{9.8 QH}{\eta} \ (\text{단, } Q : \text{유량}[\text{m}^3/\text{s}]), \quad P = \frac{0.163 QH}{\eta} \ (\text{단, } Q : \text{유량}[\text{m}^3/\text{min}])$$

방법 1. $P = \dfrac{9.8 QH}{\eta} = \dfrac{9.8 \times \dfrac{0.65}{60} \times 40}{0.5} \fallingdotseq 8.493[\text{kW}]$

방법 2. $P = \dfrac{0.163 QH}{\eta} = \dfrac{0.163 \times 0.65 \times 40}{0.5} \fallingdotseq 8.476[\text{kW}]$

따라서 어느 식을 적용해도 답은 같다.

10 유량이 0.6[m³/min]일 때 손실수두가 5[m]인 관로를 통하여 10[m]인 높이 위에 있는 저수 조로 물을 이송하고자 한다. 펌프의 효율이 85[%]라 할 때 펌프에 공급해야 하는 동력은 약 몇 [kW]인가?

[17년 1회]

① 0.58

② 1.15

③ 1.47

④ 1.73

해설 전동기 용량

$$P[\text{kW}] = \frac{\gamma \times Q \times H}{102 \times \eta} \times K$$

여기서, γ : 물의 비중량(1,000[kg$_f$/m³])

Q : 유량(0.6[m³]/60[s])

H : 전양정(5[m] + 10[m] = 15[m])

η : 펌프 효율(85[%] = 0.85)

$$\therefore \ P = \frac{1,000 \times 0.6/60 \times 15}{102 \times 0.85} = 1.73[\text{kW}]$$

11 효율이 50[%]인 펌프를 이용하여 저수지의 물을 1초에 10[L]씩 30[m] 위쪽에 있는 논으로 퍼 올리는 데 필요한 동력은 약 몇 [kW]인가?

[18년 2회]

① 18.83

② 10.48

③ 2.94

④ 5.88

해설 전동기 용량

$$P[\text{kW}] = \frac{\gamma \times Q \times H}{102 \times \eta} \times K$$

여기서, γ : 물의 비중량(1,000[kg$_f$/m³])

Q : 정격토출량(0.01[m³/s])

H : 전양정(30[m])

η : 펌프의 효율(0.5)

K : 동력전달계수[1.0]

$$\therefore \ P[\text{kW}] = \frac{\gamma \times Q \times H}{102 \times \eta} \times K$$

$$= \frac{1,000 \times 0.01 \times 30}{102 \times 0.5} \times 1$$

$$= 5.88[\text{kW}]$$

12 원심펌프를 이용하여 0.2[m³/s]로 저수지의 물을 2[m] 위의 물탱크로 퍼 올리고자 한다. 펌프의 효율이 80[%]라고 하면 펌프에 공급해야 하는 동력[kW]은? [20년 3회]

① 1.96

② 3.14

③ 3.92

④ 4.90

해설 전동기 용량

$$P[\text{kW}] = \frac{\gamma \times Q \times H}{102 \times \eta} \times K = \frac{1,000 \times 0.2 \times 2}{102 \times 0.8} = 4.90[\text{kW}]$$

여기서, γ : 물의 비중량(1,000[kg$_f$/m³])

Q : 유량(0.2[m³/s])

H : 전양정(2[m])

η : 펌프 효율(80[%] = 0.8)

13 안지름 25[mm], 길이 10[m]의 수평 파이프를 통해 비중 0.8, 점성계수는 5×10^{-3}[kg/m · s]
인 기름을 유량 0.2×10^{-3}[m³/s]로 수송하고자 할 때 필요한 펌프의 최소동력은 약 몇 [W]
인가?   [19년 1회]

① 0.21

② 0.58

③ 0.77

④ 0.81

해설   동력을 구하기 위하여

$$P[\text{kW}] = \frac{\gamma \, QH}{102 \times \eta} \times K$$

• 기름의 비중량 $\gamma = 0.8 = 800[\text{kg}_f/\text{m}^3]$
• 유량 $Q = 0.0002[\text{m}^3/\text{s}]$
• 전양정(H)

$$H = \frac{flu^2}{2gD}$$

• 유속 $u = \dfrac{Q}{A} = \dfrac{0.0002[\text{m}^3/\text{s}]}{\dfrac{\pi}{4} \times (0.025[\text{m}])^2} \fallingdotseq 0.407[\text{m/s}]$

• 관 마찰계수(f)를 구하기 위하여

$$Re = \frac{Du\rho}{\mu} = \frac{0.025[\text{m}] \times 0.407[\text{m/s}] \times 800[\text{kg/m}^3]}{0.005[\text{kg/m} \cdot \text{s}]}$$

$$= 1{,}628(\text{층류})$$

$$\therefore \ f = \frac{64}{Re} = \frac{64}{1{,}628} \fallingdotseq 0.039$$

• 전양정 $H = \dfrac{flu^2}{2gD}$에서 중력가속도 $g = 9.8[\text{m/s}^2]$을 대입하면

$$\therefore \ H = \frac{0.039 \times 10[\text{m}] \times (0.407[\text{m/s}])^2}{2 \times 9.8[\text{m/s}^2] \times 0.025[\text{m}]}$$

$$\fallingdotseq 0.132[\text{m}]$$

※ 동력[kW] $= \dfrac{\gamma \, QH}{102 \times \eta} \times K$

$$= \frac{800 \times 0.0002 \times 0.132}{102 \times 1} \times 1$$

$$\fallingdotseq 2.07 \times 10^{-4}[\text{kW}]$$

$$\fallingdotseq 0.21[\text{W}]$$

14 지름 0.4[m]인 관에 물이 0.5[m³/s]로 흐를 때 길이 300[m]에 대한 동력손실은 60[kW]이 었다. 이때 관 마찰계수(f)는 얼마인가? [21년 1회]

① 0.0151

② 0.0202

③ 0.0256

④ 0.0301

해설

$$P = \frac{9.8QH}{\eta}$$

$$H = \frac{P\eta}{9.8Q} = \frac{60 \times 1}{9.8 \times 0.5} = 12.24[\text{m}]$$

$$u = \frac{Q}{A} = \frac{0.5}{\frac{\pi}{4} \times (0.4)^2} = 3.98[\text{m/s}]$$

$$\Delta H = f \cdot \frac{l}{D} \cdot \frac{u^2}{2g}$$

$$f = \frac{\Delta H D 2g}{l u^2}$$

$$= \frac{12.24 \times 0.4 \times 2 \times 9.8}{300 \times (3.98)^2}$$

$$= 0.0202$$

핵심
예제

15 펌프의 입구 및 출구측에 연결된 진공계와 압력계가 각각 25[mmHg]와 260[kPa]을 가리켰다. 이 펌프의 배출 유량이 0.15[m³/s]가 되려면 펌프의 동력은 약 몇 [kW]가 되어야 하는가?(단, 펌프의 입구와 출구의 높이차는 없고, 입구측 안지름은 20[cm], 출구측 안지름은 15[cm]이다)

[19년 2회]

① 3.95

② 4.32

③ 39.5

④ 43.2

> **해설** 펌프의 동력
>
> 연속방정식을 적용하여 유속을 구한다.
>
> $$Q = uA = u\left(\frac{\pi}{4} \times d^2\right)$$
>
> - 입구측의 유속 $u_1 = \dfrac{4 \times 0.15[\mathrm{m^3/s}]}{\pi \times (0.2[\mathrm{m}])^2} \fallingdotseq 4.77[\mathrm{m/s}]$
>
> - 출구측의 유속 $u_2 = \dfrac{4 \times 0.15[\mathrm{m^3/s}]}{\pi \times (0.15[\mathrm{m}])^2} \fallingdotseq 8.49[\mathrm{m/s}]$
>
> - 압력의 단위를 환산한다.
>   - 입구측의 압력(진공압력)
>
> $$P_1 = -\frac{25[\mathrm{mmHg}]}{760[\mathrm{mmHg}]} \times 10,332[\mathrm{kg_f/m^2}] \fallingdotseq -339.87[\mathrm{kg_f/m^2}]$$
>
>   - 출구측의 압력
>
> $$P_2 = \frac{260[\mathrm{kPa}]}{101.325[\mathrm{kPa}]} \times 10,332[\mathrm{kg_f/m^2}] \fallingdotseq 26,511.92[\mathrm{kg_f/m^2}]$$
>
> 베르누이방정식을 적용하여 손실수두를 계산한다.
>
> $$\frac{P_1}{\gamma} + \frac{u_1^2}{2g} + Z_1 + H = \frac{P_2}{\gamma} + \frac{u_2^2}{2g} + Z_2$$
>
> $Z_1 = Z_2$ 이므로 손실수두
>
> $$H = \left(\frac{P_2}{\gamma} - \frac{P_1}{\gamma}\right) + \left(\frac{u_2^2}{2g} - \frac{u_1^2}{2g}\right) \text{이므로}$$
>
> $$H = \left\{ \frac{26,511.92[\mathrm{kg_f/m^2}]}{1,000[\mathrm{kg_f/m^3}]} - \left(-\frac{339.87[\mathrm{kg_f/m^2}]}{1,000[\mathrm{kg_f/m^3}]}\right) \right\} + \left\{ \frac{(8.49[\mathrm{m/s}])^2}{2 \times 9.8[\mathrm{m/s^2}]} - \frac{(4.77[\mathrm{m/s}])^2}{2 \times 9.8[\mathrm{m/s^2}]} \right\}$$
>
> $$\fallingdotseq 29.37[\mathrm{m}]$$
>
> 동력을 구하기 위하여 펌프효율 $\eta = 1$을 적용하면
>
> $$[\mathrm{kW}] = \frac{\gamma\,QH}{102 \times \eta}$$
>
> $$\therefore\ [\mathrm{kW}] = \frac{1,000[\mathrm{kg_f/m^3}] \times 0.15[\mathrm{m^3/s}] \times 29.37[\mathrm{m}]}{102 \times 1}$$
>
> $$= 43.2[\mathrm{kW}]$$

16 65[%]의 효율을 가진 원심펌프를 통하여 물을 1[m³/s]의 유량으로 송출 시 필요한 펌프수두가 6[m]이다. 이때 펌프에 필요한 축동력은 약 몇 [kW]인가? [17년 2회]

① 40[kW]
② 60[kW]
③ 80[kW]
④ 90[kW]

해설

$$P[\text{kW}] = \frac{\gamma QH}{102\eta}$$
$$= \frac{1,000 \times 1 \times 6}{102 \times 0.65}$$
$$= 90.28[\text{kW}]$$

17 지름이 400[mm]인 베어링이 400[rpm]으로 회전하고 있을 때 마찰에 의한 손실동력[kW]은?(단, 베어링과 축 사이에는 점성계수가 0.049[N·s/m²]인 기름이 차 있다) [20년 4회]

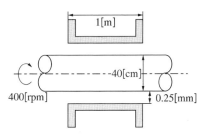

① 15.1
② 15.6
③ 16.3
④ 17.3

해설 마찰에 의한 손실동력(P)

• 각속도 $\omega = \dfrac{2\pi N}{60}$ 에서

$$\omega = \frac{2\pi \times 400[\text{rpm}]}{60} = 41.89[\text{rad/s}]$$

• 토크 $T = \dfrac{\pi \mu \omega d^3 l}{4t}$ 에서

$$T = \frac{\pi \times 0.049[\frac{\text{N} \cdot \text{s}}{\text{m}^2}] \times 41.89[\frac{\text{rad}}{\text{s}}] \times (0.4\text{m})^3 \times 1[\text{m}]}{4 \times (0.25 \times 10^{-3}[\text{m}])}$$
$$= 412.7[\text{N} \cdot \text{m}]$$

∴ 손실동력 $P = T \times \omega$ 에서
$$P = 412.7[\text{N} \cdot \text{m}] \times 41.89[\text{rad/s}] = 17,288[\text{W}]$$
$$\fallingdotseq 17.3[\text{kW}]$$

18 12층 건물의 지하 1층에 제연설비용 배연기를 설치하였다. 이 배연기의 풍량은 500[m³/min]이고, 풍압이 290[Pa]일 때 배연기의 동력[kW]은?(단, 배연기의 효율은 60[%]이다)

[20년 4회]

① 3.55

② 4.03

③ 5.55

④ 6.11

해설 배출기의 용량

동력[kW] $= \dfrac{Q \times P_r}{6,120 \times \eta} \times K$

여기서, Q : 용량[m³/min]

P_r : 풍압[mmAg]($\dfrac{290[\text{Pa}]}{101,325[\text{Pa}]} \times 10,332[\text{mmAq}] = 29.57[\text{mmAq}]$)

K : 여유율

η : 효율

∴ 동력[kW] $= \dfrac{500 \times 29.57}{6,120 \times 0.6} \times 1 = 4.03[\text{kW}]$

핵심
예제

19 터보팬을 6,000[rpm]으로 회전시킬 경우, 풍량은 0.5[m³/min], 축동력은 0.049[kW]이었다. 만약 터보팬의 회전수를 8,000[rpm]으로 바꾸어 회전시킬 경우 축동력[kW]은?

[20년 3회]

① 0.0207

② 0.207

③ 0.116

④ 1.161

해설 축동력

동력 $L_2 = L_1 \times \left(\dfrac{N_2}{N_1}\right)^3 \times \left(\dfrac{D_2}{D_1}\right)^5$

∴ $L_2 = L_1 \times \left(\dfrac{N_2}{N_1}\right)^3$

$= 0.049[\text{kW}] \times \left(\dfrac{8,000}{6,000}\right)^3$

$= 0.116[\text{kW}]$

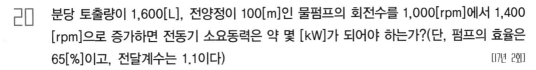

20 분당 토출량이 1,600[L], 전양정이 100[m]인 물펌프의 회전수를 1,000[rpm]에서 1,400[rpm]으로 증가하면 전동기 소요동력은 약 몇 [kW]가 되어야 하는가?(단, 펌프의 효율은 65[%]이고, 전달계수는 1.1이다)

[17년 2회]

① 44.1

② 82.1

③ 121

④ 142

해설 | 전동기의 소요동력

$$P_2 = P_1 \times \left(\frac{N_2}{N_1}\right)^3$$

여기서, P_1 : 1,000[rpm]에서 소요동력을 구하면

$$P[\text{kW}] = \frac{\gamma \times Q \times H}{102 \times \eta} \times K$$

여기서, γ : 물의 비중량(1,000[kg$_f$/m³])

Q : 유량[m³/s]

H : 전양정(100[m])

K : 전달계수(여유율, 1.1)

η : 펌프효율(0.65)

$$P = \frac{1,000 \times 1.6[\text{m}^3]/60[\text{s}] \times 100}{102 \times 0.65} \times 1.1 = 44.24[\text{kW}]$$

∴ 1,400[rpm] 증가 시 소요동력

$$P_2 = P_1 \times \left(\frac{N_2}{N_1}\right)^3 = 44.24[\text{kW}] \times \left(\frac{1,400}{1,000}\right)^3 = 121.4[\text{kW}]$$

핵심
예제

21 원심식 송풍기에서 회전수를 변화시킬 때 동력변화를 구하는 식으로 옳은 것은?(단, 변화 전후의 회전수는 각각 N_1, N_2, 동력은 L_1, L_2이다) [19년 1회]

① $L_2 = L_1 \times \left(\dfrac{N_1}{N_2}\right)^3$　　　　　② $L_2 = L_1 \times \left(\dfrac{N_1}{N_2}\right)^2$

③ $L_2 = L_1 \times \left(\dfrac{N_2}{N_1}\right)^3$　　　　　④ $L_2 = L_1 \times \left(\dfrac{N_2}{N_1}\right)^2$

해설 펌프의 상사법칙

- 유량　$Q_2 = Q_1 \times \dfrac{N_2}{N_1} \times \left(\dfrac{D_2}{D_1}\right)^3$

- 전양정(수두)　$H_2 = H_1 \times \left(\dfrac{N_2}{N_1}\right)^2 \times \left(\dfrac{D_2}{D_1}\right)^2$

- 동력　$L_2 = L_1 \times \left(\dfrac{N_2}{N_1}\right)^3 \times \left(\dfrac{D_2}{D_1}\right)^5$

　여기서, N : 회전수[rpm]

　　　　　D : 내경[mm]

**핵심
예제**

22 회전속도 1,000[rpm]일 때 송출량 Q[m³/min], 전양정 H[m]인 원심펌프가 상사한 조건에서 송출량이 $1.1Q$[m³/min]가 되도록 회전속도를 증가시킬 때, 전양정은 어떻게 되는가? [18년 4회]

① $0.91H$　　　　　② H

③ $1.1H$　　　　　④ $1.21H$

해설 펌프의 상사법칙

- 송출량이 $1.1Q$[m³/min]일 때 회전속도를 구하면

　유량　$Q_2 = Q_1 \times \dfrac{N_2}{N_1} \Rightarrow 1.1 = 1 \times \dfrac{x}{1,000}$

　∴ $x = 1,100$[rpm]

- 전양정을 구하면

　전양정 $H_2 = H_1 \times \left(\dfrac{N_2}{N_1}\right)^2 = H[\text{m}] \times \left(\dfrac{1,100}{1,000}\right)^2$

　　　　　$= 1.21H$

23 회전속도 N[rpm]일 때 송출량 Q[m³/min], 전양정 H[m]인 원심펌프를 상사한 조건에서 회전속도를 $1.4N$[rpm]으로 바꾸어 작동할 때 ㉠ 유량 및 ㉡ 전양정은? [20년 I·2회]

① ㉠ $1.4Q$, ㉡ $1.4H$

② ㉠ $1.4Q$, ㉡ $1.96H$

③ ㉠ $1.96Q$, ㉡ $1.4H$

④ ㉠ $1.96Q$, ㉡ $1.96H$

해설 펌프의 상사법칙

- 유량 $Q_2 = Q_1 \times \dfrac{N_2}{N_1}$

$$= Q_1 \times \frac{1.4}{1} = 1.4Q$$

- 전양정(수두) $H_2 = H_1 \times \left(\dfrac{N_2}{N_1}\right)^2$

$$= H_1 \times \left(\frac{1.4}{1}\right)^2 = 1.96H$$

여기서, N : 회전수[rpm]
$\quad\quad\quad D$: 내경[mm]

24 토출량이 1,800[L/min], 회전자의 회전수가 1,000[rpm]인 소화펌프의 회전수를 1,400[rpm] 으로 증가시키면 토출량은 처음보다 얼마나 더 증가하는가? [20년 4회]

① 10[%]

② 20[%]

③ 30[%]

④ 40[%]

해설 펌프의 상사법칙

유량 $Q_2 = Q_1 \times \dfrac{N_2}{N_1}$

여기서, N : 회전수[rpm]

- $Q_2 = 1,800 \times \dfrac{1,400}{1,000} = 2,520[\text{L/min}]$

- 증가된 토출량 $= \dfrac{2,520 - 1,800}{1,800} \times 100 = 40[\%]$

25 양정 200[m], 유량 0.025[m³/s], 회전수 2,900[rpm]인 4단 원심 펌프의 비교회전도(비속도)[m³/min, m, rpm]는 얼마인가? [21년 2회]

① 176

② 167

③ 45

④ 23

해설

$$N_s = \frac{NQ^{\frac{1}{2}}}{\left(\dfrac{H}{단수}\right)^{\frac{3}{4}}} = \frac{2{,}900[\text{rpm}] \times \left(0.025\dfrac{[\text{m}^3]}{[\text{s}]} \times \dfrac{60[\text{s}]}{[\text{min}]}\right)^{\frac{1}{2}}}{\left(\dfrac{220[\text{m}]}{4단}\right)^{\frac{3}{4}}}$$

$$= 175.86[\text{m}^3/\text{min, m, rpm}]$$

26 물의 온도에 상응하는 증기압보다 낮은 부분이 발생하면 물은 증발되고 물속에 있던 공기와 물이 분리되어 기포가 발생하는 펌프의 현상은? [19년 2회, 21년 1회]

① 피드백(Feed Back)

② 서징현상(Surging)

③ 공동현상(Cavitation)

④ 수격작용(Water Hammering)

해설 **공동현상(Cavitation)**

• 물이 배관 내에 유동하고 있을 때 흐르는 물속 어느 부분의 정압이 그때 물의 온도에 해당하는 증기압 이하로 되면 부분적으로 기포가 발생하여 펌핑이 되지 않는 현상

• 원 인
  - 관 내 수온이 높을 때
  - 펌프 흡입양정이 클 때
  - 펌프 설치 위치가 수원보다 높을 때
  - 관 내 물의 정압이 그때의 증기압보다 클 때

27 펌프의 공동현상(Cavitation)을 방지하기 위한 대책으로 옳지 않은 것은? [17년 4회]

① 펌프의 설치 높이를 될 수 있는 대로 높여서 흡입양정을 길게 한다.
② 펌프의 회전수를 낮추어 흡입 비속도를 적게 한다.
③ 단흡입펌프보다는 양흡입펌프를 사용한다.
④ 밸브, 플랜지 등의 부속품 수를 줄여서 손실수두를 줄인다.

해설 **공동현상의 방지대책**
• 펌프의 흡입측 수두(양정), 마찰손실, Impeller 속도(회전수)를 작게 한다.
• 펌프 흡입관경을 크게 한다.
• 펌프 설치위치를 수원보다 낮게 하여야 한다.
• 펌프 흡입압력을 유체의 증기압보다 높게 한다.
• 양흡입펌프를 사용하여야 한다.
• 양흡입펌프로 부족 시 펌프를 2대로 나눈다.

28 펌프의 캐비테이션을 방지하기 위한 방법으로 틀린 것은? [18년 4회] 핵심 예제

① 펌프의 설치 위치를 낮추어서 흡입 양정을 작게 한다.
② 흡입관을 크게 하거나 밸브, 플랜지 등을 조정하여 흡입 손실 수두를 줄인다.
③ 펌프의 회전속도를 높여 흡입 속도를 크게 한다.
④ 2대 이상의 펌프를 사용한다.

해설 27번 해설 참조

29 펌프의 공동현상(Cavitation)을 방지하기 위한 방법이 아닌 것은? [17년 2회]

① 펌프의 설치 위치를 되도록 낮게 하여 흡입양정을 짧게 한다.
② 단흡입펌프보다는 양흡입펌프를 사용한다.
③ 펌프의 흡입 관경을 크게 한다.
④ 펌프의 회전수를 크게 한다.

해설 27번 해설 참조

30 수격작용에 대한 설명으로 맞는 것은? [18년 1회]

① 관로가 변할 때 물의 급격한 압력 저하로 인해 수중에서 공기가 분리되어 기포가 발생하는 것을 말한다.

② 펌프의 운전 중에 송출압력과 송출유량이 주기적으로 변동하는 현상을 말한다.

③ 관로의 급격한 온도변화로 인해 응결되는 현상을 말한다.

④ 흐르는 물을 갑자기 정지시킬 때 수압이 급격히 변화하는 현상을 말한다.

해설 펌프에서 발생하는 현상
- 수격작용 : 흐르는 물을 갑자기 정지시킬 때 수압이 급격히 변화하는 현상
- 맥동현상 : 펌프의 운전 중에 송출압력과 송출유량이 주기적으로 변동하는 현상

31 다음 ㉠, ㉡에 알맞은 것은? [20년 1·2회]

파이프 속을 유체가 흐를 때 파이프 끝의 밸브를 갑자기 닫으면 유체의 (㉠)에너지가 압력으로 변환되면서 밸브 직전에서 높은 압력이 발생하고 상류로 압축파가 전달되는 (㉡)현상이 한다.

① ㉠ 운 동, ㉡ 서 징

② ㉠ 운 동, ㉡ 수격작용

③ ㉠ 위 치, ㉡ 서 징

④ ㉠ 위 치, ㉡ 수격작용

해설 수격작용(Water Hammering)
- 흐르는 유체를 갑자기 감속하면 운동에너지가 압력에너지로 변하여 유체 내의 고압이 발생하고 유속이 급변화하면서 압력변화를 가져와 큰 소음이 발생하는 현상
- 원 인
  - 펌프의 운전 중에 정전에 의해서
  - 밸브를 차단할 경우
  - 펌프의 정상 운전일 때의 액체의 압력변동이 생길 때

...한숨을 쉬는 것과 같은 상태... 맥동현상...

32 펌프 운전 중 발생하는 수격작용의 발생을 예방하기 위한 방법에 해당되지 않는 것은?

[17년 1회]

① 밸브를 가능한 펌프 송출구에서 멀리 설치한다.
② 서지탱크를 관로에 설치한다.
③ 밸브의 조작을 천천히 한다.
④ 관 내의 유속을 낮게 한다.

해설 수격현상의 방지대책
• 관로의 관경을 크게 하고 유속을 낮게 하여야 한다.
• 압력강하의 경우 Fly Wheel을 설치하여야 한다.
• 조압수조(Surge Tank) 또는 수격방지기(Water Hammering Cushion)를 설치하여야 한다.
• 펌프 송출구 가까이 송출밸브를 설치하여 압력상승 시 압력을 제어하여야 한다.

33 펌프가 운전 중에 한숨을 쉬는 것과 같은 상태가 되어 펌프 입구의 진공계 및 출구의 압력계 지침이 흔들리고 송출유량도 주기적으로 변화하는 이상 현상을 무엇이라고 하는가?

[20년 3회]

핵심
예제

① 공동현상(Cavitation)
② 수격작용(Water Hammering)
③ 맥동현상(Surging)
④ 언밸런스(Unbalance)

해설 맥동현상(Surging) : 펌프의 입구와 출구에 부착된 진공계와 압력계의 침이 흔들리고 동시에 토출유량이 변화를 가져오는 현상

34 펌프가 실제 유동시스템에 사용될 때 펌프의 운전점은 어떻게 결정하는 것이 좋은가?

[18년 2회]

① 시스템 곡선과 펌프 성능곡선의 교점에서 운전한다.
② 시스템 곡선과 펌프 효율곡선의 교점에서 운전한다.
③ 펌프 성능곡선과 펌프 효율곡선의 교점에서 운전한다.
④ 펌프 효율곡선의 최고점, 즉 최고 효율점에서 운전한다.

해설 실제 유동시스템에 사용될 때 펌프의 운전점은 시스템 곡선과 펌프 성능곡선의 교점에서 운전한다.

MEMO

Engineer Fire Protection System

소방설비기사(필기) 기본서 시리즈
(기계분야)

소방유체역학
최근 기출문제

**Engineer Fire
Protection System**

소방설비기사(필기) 기본서 시리즈

(기계분야)

소방유체역학

2021년 4회   최근 기출문제

혼자 공부하기 힘드시다면 방법이 있습니다.
시대에듀의 동영상강의를 이용하시면 됩니다.
www.sdedu.co.kr ➔ 회원가입(로그인) ➔ 강의 살펴보기

01 지름이 5[cm]인 원형 관 내에 이상기체가 층류로 흐른다. 다음 중 이 기체의 속도가 될 수 있는 것을 모두 고르면?(단, 이 기체의 절대압력은 200[kPa], 온도는 27[℃], 기체상수는 2,080[J/kg · K], 점성계수는 2×10^{-5}[N · s/m²], 하임계 레이놀즈수는 2,200으로 한다)

> ㄱ. 0.3[m/s] ㄴ. 1.5[m/s]
> ㄷ. 8.3[m/s] ㄹ. 15.5[m/s]

① ㄱ
② ㄱ, ㄴ
③ ㄱ, ㄴ, ㄷ
④ ㄱ, ㄴ, ㄷ, ㄹ

02 **표면장력에 관련된 설명 중 옳은 것은?**

① 표면장력의 차원은 힘/면적이다.
② 액체와 공기의 경계면에서 액체분자의 응집력보다 공기분자와 액체분자 사이의 부착력이 클 때 발생된다.
③ 대기 중의 물방울은 크기가 작을수록 내부압력이 크다.
④ 모세관현상에 의한 수면 상승 높이는 모세관의 직경에 비례한다.

03 **유체의 점성에 대한 설명으로 틀린 것은?**

① 질소 기체의 동점성계수는 온도 증가에 따라 감소한다.
② 물(액체)의 점성계수는 온도 증가에 따라 감소한다.
③ 점성은 유동에 대한 유체의 저항을 나타낸다.
④ 뉴턴유체에 작용하는 전단응력은 속도기울기에 비례한다.

□4 회전속도 1,000[rpm]일 때 송출량 Q[m³/min], 전양정 H[m]인 원심펌프가 상사한 조건에서 송출량이 $1.1Q$[m³/min]가 되도록 회전속도를 증가시킬 때, 전양정은 어떻게 되는가?

① $0.91H$

② H

③ $1.1H$

④ $1.21H$

□5 그림과 같이 노즐이 달린 수평관에서 계기압력이 0.49[MPa]이었다. 이 관의 안지름이 6[cm]이고 관의 끝에 달린 노즐의 지름이 2[cm]라면 노즐의 분출속도는 몇 [m/s]인가?(단, 노즐에서의 손실은 무시하고, 관 마찰계수는 0.025이다)

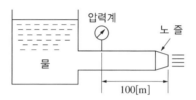

① 16.8

② 20.4

③ 25.5

④ 28.4

□6 원심펌프가 전양정 120[m]에 대해 6[m³/s]의 물을 공급할 때 필요한 축동력이 9,530[kW]이었다. 이때 펌프의 체적효율과 기계효율이 각각 88[%], 89[%]라고 하면, 이 펌프의 수력효율은 약 몇 [%]인가?

① 74.1

② 84.2

③ 88.5

④ 94.5

07 안지름 4[cm], 바깥지름 6[cm]인 동심 이중관의 수력직경(Hydraulic Diameter)은 몇 [cm]인가?

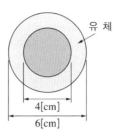

유 체

4[cm]

6[cm]

① 2 　　　　　　　　　　　　　② 3

③ 4 　　　　　　　　　　　　　④ 5

08 **열역학 관련 설명 중 틀린 것은?**

① 삼중점에서는 물체의 고상, 액상, 기상이 공존한다.

② 압력이 증가하면 물의 끓는점도 높아진다.

③ 열을 완전히 일로 변환할 수 있는 효율이 100[%]인 열기관은 만들 수 없다.

④ 기체의 정적비열은 정압비열보다 크다.

09 **다음 중 차원이 서로 같은 것을 모두 고르면?**(단, P : 압력, ρ : 밀도, V : 속도, h : 높이, F : 힘, m : 질량, g : 중력가속도)

ㄱ. ρV^2	ㄴ. $\rho g h$
ㄷ. P	ㄹ. $\dfrac{F}{m}$

① ㄱ, ㄴ

② ㄱ, ㄷ

③ ㄱ, ㄴ, ㄷ

④ ㄱ, ㄴ, ㄷ, ㄹ

10 밀도가 10[kg/m³]인 유체가 지름 30[cm]인 관 내를 1[m³/s]로 흐른다. 이때의 평균유속은 몇 [m/s]인가?

① 4.25
② 14.1
③ 15.7
④ 84.9

11 초기 상태에서 압력 100[kPa], 온도 15[℃]인 공기가 있다. 공기의 부피가 초기 부피의 $\frac{1}{20}$ 이 될 때까지 가역 단열압축할 때 압축 후의 온도는 약 몇 [℃]인가?(단, 공기의 비열비는 1.4이다)

① 54
② 348
③ 682
④ 912

12 부피가 240[m³]인 방 안에 들어 있는 공기의 질량은 약 몇 [kg]인가?(단, 압력은 100[kPa], 온도는 300[K]이며, 공기의 기체상수는 0.287[kJ/kg · K]이다)

① 0.279
② 2.79
③ 27.9
④ 279

13 그림의 액주계에서 밀도 $\rho_1 = 1{,}000[\text{kg/m}^3]$, $\rho_2 = 13{,}600[\text{kg/m}^3]$, 높이 $h_1 = 500[\text{mm}]$, $h_2 = 800[\text{mm}]$일 때 관 중심 A의 계기압력은 몇 [kPa]인가?

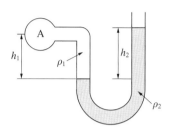

① 101.7
② 109.6
③ 126.4
④ 131.7

14 그림과 같이 수조의 두 노즐에서 물이 분출하여 한 점(A)에서 만나려고 하면 어떤 관계가 성립되어야 하는가?(단, 공기저항과 노즐의 손실은 무시한다)

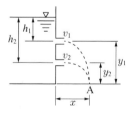

① $h_1 y_1 = h_2 y_2$
② $h_1 y_2 = h_2 y_1$
③ $h_1 h_2 = y_1 y_2$
④ $h_1 y_1 = 2h_2 y_2$

15 길이 100[m], 직경 50[mm], 상대조도 0.01인 원형 수도관 내에 물이 흐르고 있다. 관 내 평균유속이 3[m/s]에서 6[m/s]로 증가하면 압력손실은 몇 배로 되겠는가?(단, 유동은 마찰계수가 일정한 완전난류로 가정한다)

① 1.41배

② 2배

③ 4배

④ 8배

16 한 변이 8[cm]인 정육면체를 비중이 1.26인 글리세린에 담그니 절반의 부피가 잠겼다. 이때 정육면체를 수직방향으로 눌러 완전히 잠기게 하는 데 필요한 힘은 약 몇 [N]인가?

① 2.56

② 3.16

③ 6.53

④ 12.5

17 그림과 같이 반지름이 0.8[m]이고 폭이 2[m]인 곡면 AB가 수문으로 이용된다. 물에 의한 힘의 수평성분의 크기는 약 몇 [kN]인가?(단, 수문의 폭은 2[m]이다)

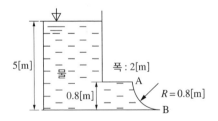

① 72.1

② 84.7

③ 90.2

④ 95.4

18 펌프 운전 시 발생하는 캐비테이션의 발생을 예방하는 방법이 아닌 것은?

① 펌프의 회전수를 높여 흡입 비속도를 높게 한다.
② 펌프의 설치높이를 될 수 있는 대로 낮춘다.
③ 입형펌프를 사용하고, 회전자를 수중에 완전히 잠기게 한다.
④ 양흡입 펌프를 사용한다.

19 실내의 난방용 방열기(물-공기 열교환기)에는 대부분 방열 핀(Fin)이 달려 있다. 그 주된 이유는?

① 열전달 면적 증가
② 열전달 계수 증가
③ 방사율 증가
④ 열저항 증가

20 그림에서 물 탱크차가 받는 추력은 약 몇 [N]인가?(단, 노즐의 단면적은 0.03[m²]이며, 탱크 내의 계기압력은 40[kPa]이다. 또한 노즐에서 마찰손실은 무시한다)

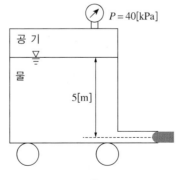

① 812
② 1,490
③ 2,710
④ 5,340

2021년 제4회 정답 및 해설

01	02	03	04	05	06	07	08	09	10	11	12	13	14	15	16	17	18	19	20
②	③	①	④	③	④	①	④	③	②	③	④	①	①	③	②	①	①	①	④

01

$$Re = \frac{D\rho u}{\mu} = \frac{Du}{\nu}$$

$$u = \frac{Re\mu}{D\rho} = \frac{2,200 \times 2 \times 10^{-5}}{0.05 \times 0.3205} = 2.7457 \, [\text{m/s}]$$

$$\rho = \frac{M}{V} = \frac{P}{RT}$$

$$P = 200 \, [\text{kPa}] = 200 \times 10^3 \, [\text{N/m}^2]$$

$$T = 273 + 27 = 300 \, [\text{K}]$$

$$R = 2,080 \, [\text{J/kg} \cdot \text{K}]$$

$$\rho = \frac{200 \times 10^3}{2,080 \times 300} = 0.3205 \, [\text{kg/m}^3]$$

∴ 2.7[m/s]를 넘지 않는 가장 근삿값은 1.5[m/s]이다. 그런데 모두 골라야 하니 0.3[m/s], 1.5[m/s]이다.

02

표면장력 $\sigma = \frac{\Delta P d}{4}$

여기서, σ : 표면장력[N/m]

$\quad\quad\quad d$: 내경[m]

$\quad\quad\quad \Delta P$: 압력차[N/m²]

표면장력은 같은 분자끼리 뭉치는 응집력으로 작을수록 내부압력이 크다.

03

- ν(동점성계수) $= \frac{\mu(\text{점성계수})}{\rho(\text{밀도})}$ 는 온도가 증가하면 증가한다(기체 점성은 분자 간 운동량의 관계).
- 액체는 분자 간 서로 밀집된 응집상태를 유지하다가 온도가 높아지면 점성은 감소한다.
- 점 성
  - 이상 유체(비점성 유체)는 점도가 없는 유체로서 마찰저항이 없다.
  - 점성 유체는 유체의 점도를 고려한 유체로서 마찰저항이 있다.
- $\tau = \mu \frac{du}{dy}$

여기서, τ : 전단응력

$\quad\quad\quad \mu$: 점성계수[kg/m · s]

$\quad\quad\quad \frac{du}{dy}$: 속도기울기(속도구배)는 전단응력에 비례

04 상사의 법칙

유량 $\dfrac{Q_2}{Q_1} = \left(\dfrac{N_2}{N_1}\right)^1 \left(\dfrac{D_2}{D_1}\right)^3$

양정 $\dfrac{H_2}{H_1} = \left(\dfrac{N_2}{N_1}\right)^2 \left(\dfrac{D_2}{D_1}\right)^2$

출력 $\dfrac{P_2}{P_1} = \left(\dfrac{N_2}{N_1}\right)^3 \left(\dfrac{D_2}{D_1}\right)^5$

$Q_1 = Q \qquad Q_2 = 1.1\,Q \qquad N_1 = 1,000[\mathrm{rpm}]$

$\dfrac{1.1Q}{Q} = \left(\dfrac{N_2}{1,000}\right) \qquad N_2 = 1,100[\mathrm{rpm}]$

$\dfrac{H_2}{H_1} = \left(\dfrac{N_2}{N_1}\right)^2$

에서 $H_2 = H_1\left(\dfrac{N_2}{N_1}\right)^2 = H\left(\dfrac{1,100}{1,000}\right)^2 = 1.21H$

05

$Q = A_1 u_1 = A_2 u_2$

$u_1 = \dfrac{A_2}{A_1}u_2 = \dfrac{\dfrac{\pi}{4} \times (0.02)^2}{\dfrac{\pi}{4} \times (0.06)^2}u^2$

$\qquad = 0.11u_2$

노즐에서의 수두 H_2

$H_2 = H_1 - H_l = \dfrac{P_1}{\gamma} - f\dfrac{l}{D}\dfrac{u_1^2}{2g}$

$\qquad = \dfrac{490[\mathrm{kN/m^2}]}{9.8[\mathrm{kN/m^3}]} - 0.025 \times \dfrac{1,000[\mathrm{m}]}{0.06[\mathrm{m}]} \times \dfrac{(0.11u_2)^2}{2 \times 9.8}$

$\qquad = 50 - 0.0257u_2^2$

노즐에서 유속 u_2

$u_2 = \sqrt{2gH_2}$

$u_2 = \sqrt{2 \times 9.8[\mathrm{m/s^2}] \times (50 - 0.025u_2^2)}$

$u_2 = \sqrt{980 - 0.5037u_2^2}$

$u_2^2 = 980 - 0.5037u_2^2$

$1.5037u_2^2 = 980$

$u_2 = \sqrt{\dfrac{980}{1.5037}}$

$\quad = 25.52[\mathrm{m/s}]$

06 $$P = \frac{9.8QH}{\eta}$$

$$9,530 = \frac{9.8 \times 6 \times 120}{0.88 \times 0.89 \times \eta_{수차}}$$

$$\eta_{수차} = \frac{9.8 \times 6 \times 120}{0.88 \times 0.89 \times 9,530} = 0.945 \times 100 = 94.5[\%]$$

07 동심 이중관

직경 $D = 4Rh$

수력반경 $Rh = \frac{1}{4}(D - d)$

직경 $D = 4Rh = 4 \times \frac{1}{4}(6 - 4) = 2[\text{cm}]$

08 • 물질의 삼중점은 고체·액체·기체 3상이 평형상태로 공존하는 점을 말한다.

• $\frac{PV}{T}$ = 일정 압력(P)↑, 온도(T)↑

• 열역학 제2법칙에 따르면 열을 완전히 일로 바꾸는 열기관은 없다(100[%] 열효율은 없다).

• C_p(정압비열) > C_v(정적비열)

  $C_p - C_v = R$(이상기체상수)

09 • $P = \gamma h = \rho g h = \rho g \times \frac{V^2}{2g} = \frac{1}{2}\rho V^2$

• $P = \gamma h = \rho g h$

• P

• $g = \frac{F}{m}$

10 $Q = Au$

$$u = \frac{Q}{A} = \frac{1[\text{m}^3/\text{s}]}{\frac{\pi}{4} \times (0.3)^2[\text{m}^2]} = 14.147[\text{m/s}]$$

11 압축 후의 온도

단열 압축과정에서 온도와 체적의 관계

$$\frac{T_2}{T_1} = \left(\frac{V_1}{V_2}\right)^{k-1} \text{에서}$$

압축 후의 온도

$$T_2 = \left(\frac{V_1}{V_2}\right)^{k-1} \times T_1 = \left(\frac{V_1}{\frac{1}{20}V_1}\right)^{1.4-1} \times (273+15)[\text{K}] = 954.6[\text{K}] = 681.6[℃]$$

$$[\text{K}] = 273 + [℃]$$
$$[℃] = [\text{K}] - 273 = 954.6 - 273 = 681.6[℃]$$

12 $PV = W\overline{R}T$

$$W = \frac{PV}{\overline{R}T} = \frac{100[\text{kPa}] \times 240[\text{m}^3]}{0.287[\text{kJ/kg} \cdot \text{K}] \times 300[\text{K}]} = 278.7[\text{kg}]$$

[참고] 단위 $\left[\dfrac{\text{kPa} \times \text{m}^3}{\dfrac{\text{kJ}}{\text{kg} \cdot \text{K}} \cdot \text{K}}\right] = \left[\dfrac{\dfrac{\text{kN}}{\text{m}^2} \times \text{m}^3}{\dfrac{\text{kN} \cdot \text{m}}{\text{kg} \cdot \text{K}} \cdot \text{K}}\right] = [\text{kg}]$

13 $\gamma = \rho g = \rho \dfrac{g}{g_c}$ 에서 $\dfrac{g}{g_c} = 1$로 해석

$$\gamma = g$$
$$P_A + \gamma_1 h_1 = \gamma_2 h_2$$
$$P_A = \gamma_2 h_2 - \gamma_1 h_1 = \rho_2 h_2 - \rho_1 h_1 = 13,600[\text{kg/m}^3] \times 0.8[\text{m}] - 1,000[\text{kg/m}^3] \times 0.5[\text{m}]$$
$$= 10,380[\text{kg/m}^2] \times \frac{101.325[\text{kPa}]}{10,332[\text{kg/m}^2]} = 101.7[\text{kPa}]$$

14
$$v_1 = \sqrt{2gh_1}$$
$$v_2 = \sqrt{2gh_2}$$
시간 t에서 자유낙하 높이 H는
$$H = \frac{1}{2}gt^2$$
$$t = \sqrt{\frac{2H}{g}}$$
높이 y_1에서 x까지의 수평도달거리
$$x = u_1 t = u_1 \sqrt{\frac{2y_1}{g}}$$
$$= \sqrt{2gh_1} \times \sqrt{\frac{2y_1}{g}}$$
높이 y_2에서 x까지의 수평도달거리
$$x = u_1 t = u_2 \sqrt{\frac{2y_2}{g}}$$
$$= \sqrt{2gh_2} \times \sqrt{\frac{2y_2}{g}}$$
따라서 동일한 x 거리를 얻기 위한 식
$$\sqrt{2gh_1} \times \sqrt{\frac{2y_1}{g}} = \sqrt{2gh_2} \times \sqrt{\frac{2y_2}{g}}$$
$h_1 y_1 = h_2 y_2$ 이다.

15 난류 : 패닝의 법칙 = 다르시-바이스바흐 식 $\times 4$배

다르시-바이스바흐 식 $H_l = \dfrac{\Delta P}{\gamma} = f \cdot \dfrac{l}{D} \cdot \dfrac{u^2}{2g}$ 에서

$$\Delta P = f \cdot \frac{l}{D} \cdot \frac{u^2}{2g} \times 4배$$

$$\Delta P \propto u^2$$
$u_1 = 3[\mathrm{m/s}]$에서 $6[\mathrm{m/s}]$로 2배 증가
$$\Delta P = 2^2 = 4배$$

16 부력이 물체의 무게
$$W = \gamma V = S\gamma_{물} \times V$$
$$= 1.26 \times 9,800[\mathrm{N/m^3}] \times (0.08 \times 0.08 \times 0.04)[\mathrm{m^3}]$$
$$= 3.16[\mathrm{N}]$$

17

$$F = \gamma A \bar{h}$$

$$\gamma = 9,800[\text{N/m}^3] = 9.8[\text{kN/m}^3]$$

$$A = 0.8 \times 2 = 1.6[\text{m}^2]$$

$$\bar{h} = (5 - 0.8) + \frac{0.8}{2} = 4.6[\text{m}]$$

$$F = \gamma A \bar{h}$$
$$\quad = 9.8 \times 1.6 \times 4.6$$
$$\quad = 72.128[\text{kN}]$$

18 **공동현상의 방지대책**
- 펌프의 흡입측 수두, 마찰손실, Impeller 속도(회전수)를 작게 한다.
- 펌프 흡입관경을 크게 한다.
- 펌프 설치위치를 수원보다 낮게 하여야 한다.
- 펌프 흡입압력을 유체의 증기압보다 높게 한다.
- 양흡입펌프를 사용하여야 한다.
- 양흡입펌프로 부족 시 펌프를 2대로 나눈다.

19 실내의 난방용 방열기에 방열 핀(Fin)이 달려 있으면 열전달 면적이 증가된다.

20

$$F = \rho Q u$$

$$\rho = 1,000[\text{kg/m}^3]$$

$$\frac{P_1}{\gamma_1} + \frac{u_1^2}{2g} + z_1 = \frac{P_2}{\gamma_2} + \frac{u_2^2}{2g} + z_2$$

$$\frac{40[\text{kN/m}^2]}{9.8[\text{kN/m}^3]} + 0 + 5 = 5 + \frac{u_2^2}{2 \times 9.8[\text{m/s}]} + 0$$

$$u_2 = 13.341[\text{m/s}]$$

$$Q = A u_2 = 0.03[\text{m}^2] \times 13.341[\text{m/s}]$$
$$\quad\quad = 0.4[\text{m}^3/\text{s}]$$

$$F = \rho Q u = 1,000[\text{kg/m}^3] \times 0.4[\text{m}^3/\text{s}] \times 13.341[\text{m/s}]$$
$$\quad\quad\quad = 5,336.4[\text{kg} \cdot \text{m/s}^2]$$
$$\quad\quad\quad = 5,366.4[\text{N}]$$

MEMO

좋은 책을 만드는 길
독자님과 함께하겠습니다.

도서나 동영상에 궁금한 점, 아쉬운 점, 만족스러운 점이
있으시다면 어떤 의견이라도 말씀해 주세요.
시대고시기획은 독자님의 의견을 모아 더 좋은 책으로 보답하겠습니다.

www.sidaegosi.com

소방설비기사 필기 소방유체역학

초 판 발 행	2022년 03월 10일 (인쇄 2022년 01월 14일)
발 행 인	박영일
책 임 편 집	이해욱
편 저	민병진
편 집 진 행	윤진영 · 김경숙
표 지 디 자 인	권은경 · 길전홍선
편 집 디 자 인	심혜림 · 조준영
발 행 처	(주)시대고시기획
출 판 등 록	제10-1521호
주 소	서울시 마포구 큰우물로 75 [도화동 538 성지 B/D] 9F
전 화	1600-3600
팩 스	02-701-8823
홈 페 이 지	www.sidaegosi.com
I S B N	979-11-383-1653-8 (13500)
정 가	16,000원